# STRESSLESS KENKEN
## VOLUME 2

200 ^MORE MIND-STIMULATING LOGIC PUZZLES
THAT MAKE YOU SMARTER

CREATED BY
TETSUYA MIYAMOTO

www.kenkenpuzzle.com

To access free, unlimited puzzles of all sizes and difficulty levels, visit **www.kenkenpuzzle.com**

Download the **FREE** KenKen Classic app for iOS, Android or Kindle Fire in the App Store, Google PlayStore, or Amazon App Store

Stressless KenKen (Vol. 2)
Puzzle contents copyright ©2018 KenKen Puzzle, LLC. All rights reserved.
KenKen is a registered trademark of KenKen Puzzle, LLC. All rights reserved.
**www.kenkenpuzzle.com**

Project editors: Tyler Kennedy, Jerry March
Designer: Susannah Fears

ISBN-13: 978-1-945542-09-1
ISBN-10: 1-945542-09-8
First Edition: April 2018

# INTRODUCTION

## WARNING: ADDICTIVE!

The 4x4, 5x5, and 6x6 puzzles contained herein have been "kenerated" by our crack team of "Kenerators" to be among the most enjoyable, stress-free, and addicting puzzles of all time. Don't blame us if you can't stop once you get started…we've seen it happen many times before.

---

Developed in a Japanese classroom in 2004 by the renowned educator and puzzle master, Tetsuya Miyamoto, KenKen has quickly become the world's most addictive and fastest growing puzzle since Sudoku. Miyamoto-sensei's goal was simply to improve his students' math and logic skills, and to encourage independent thinking by emphasizing reasoning, creativity, concentration, and perseverance. Little did he imagine that his simple yet sophisticated (and unbelievably fun!) puzzle would escape the classroom and become a worldwide sensation. Now published daily in over 150 newspapers and magazines worldwide including The New York Times, The Times (UK), Spiegel Online (Germany), El Pais (Spain), The Globe and Mail (Toronto), the Los Angeles Times, and many, many others, KenKen has truly become a global phenomenon. In fact, over 50 million puzzles are played online each year, with hundreds of millions more solved in print and on apps.

No doubt, as an experienced KenKen solver, you are adding to these totals. And while online play is great in the home or office and nothing beats the newspaper or app for your morning commute, KenKen books are perfect almost anywhere…planes and trains, bedrooms and bathrooms.  So we are pleased to present you with the book you now hold in your hands: **Stressless KenKen Volume 2**…the second in KenKen Puzzle Company's official "Stressless" series of stress-free yet challenging puzzles we're sure you'll love.

We have taken great care to create this special group of puzzles that will intrigue you, challenge you, satisfy you…and probably leave you totally addicted to the world's fastest growing logic and math puzzle!

While it's true that KenKen was invented to educate and exercise the mind, its main goal is to entertain.  So sit back, relax, grab a pencil and start solving. Enjoy!

## How To Solve

### At its core, KenKen is a simple yet rich logic puzzle with easy-to-understand rules:

◊ Fill each square in the grid with a single number. In a 6x6 grid, use the numbers 1 through 6.

◊ Do not repeat a number in any row or column. For example, in a 6x6 grid, each row and each column should be filled in with the numbers 1 – 6 with no duplication.

◊ Each heavily outlined set of squares is called a "Cage".

◊ The numbers in each Cage must combine – in any order – to produce the Target Number indicated in the top corner of the Cage by using the math operation next to the Target Number. For example, in a 6x6 grid, if the Target Number shows "12x", the numbers in that cage must total 12 in any order, by using multiplication (6x2x1, 2x2x3, 4x3x1).

◊ A number may be repeated within a Cage as long as it is not in the same row or column. You can do this when a Cage has an "L" shape or spans several rows or columns.

Hint: To start, fill in the single-square Cages first. Since no calculation is required and the answer is "given" to you, we call these "Freebies."

### And that's it!

Solving a KenKen puzzle involves pure logic and mathematics. No guesswork will ever be needed, and each puzzle has only one solution. So sharpen your pencil, put on your thinking cap, and find out why Will Shortz, NPR Puzzle Master and The New York Times Puzzle Editor calls KenKen "The most addictive puzzle since Sudoku!"

*Visit www.kenkenpuzzle.com any time to play unlimited puzzles of all sizes and difficulty levels, absolutely free of charge.*

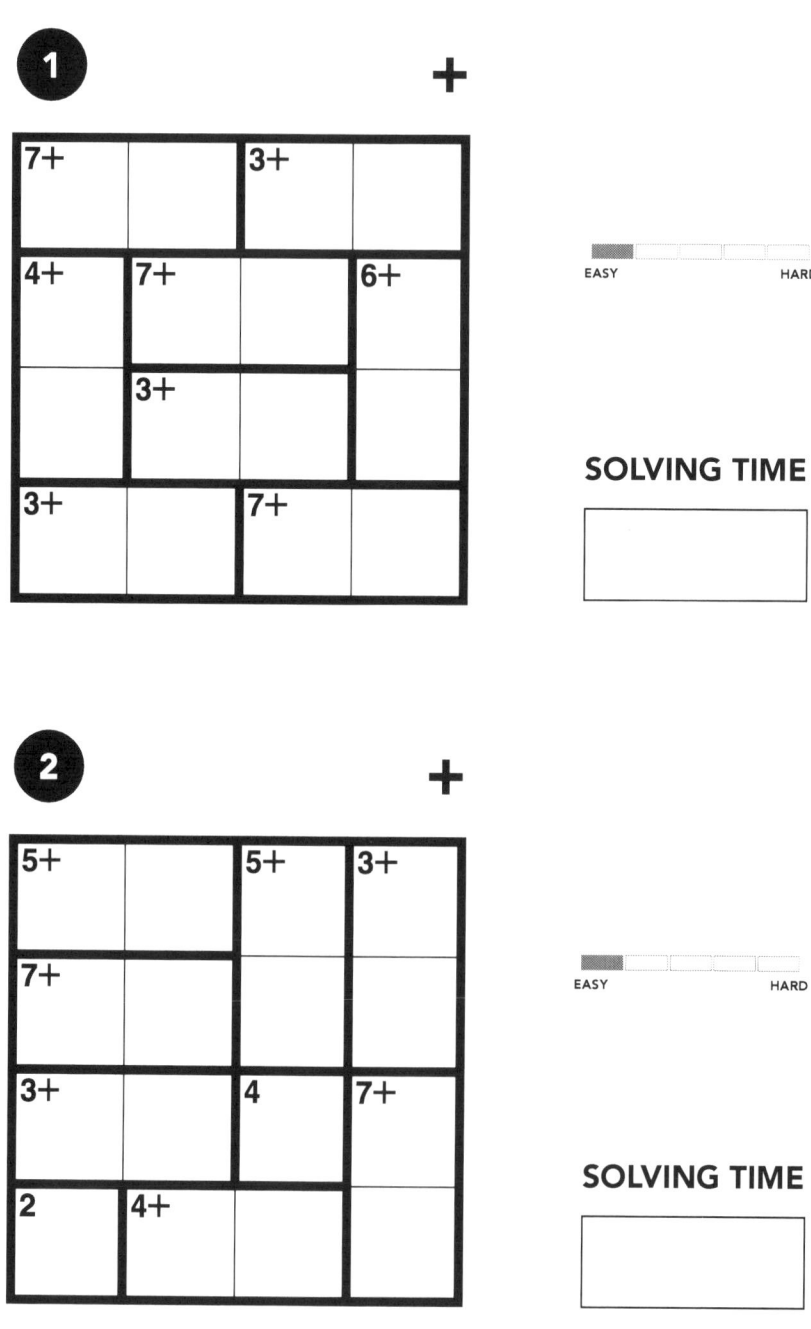

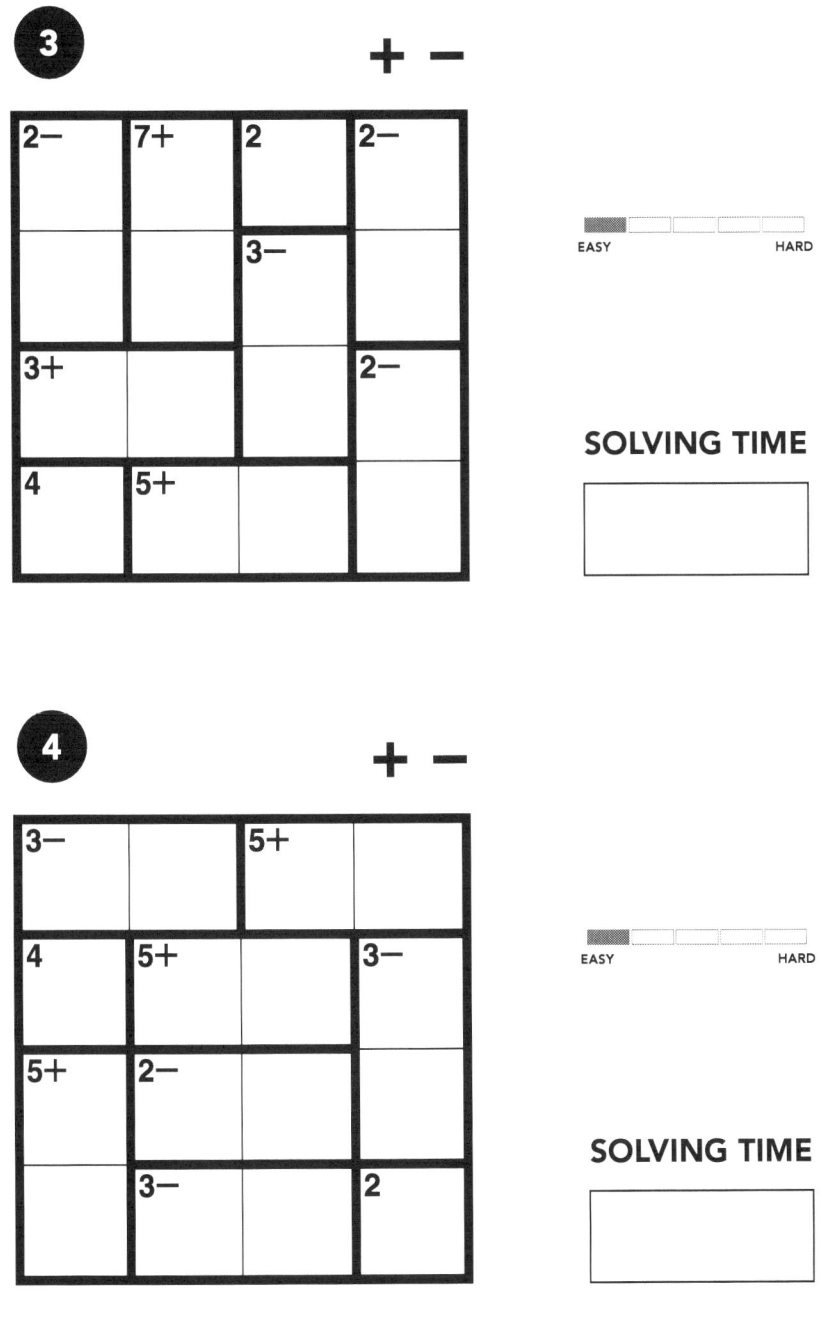

## 5

**+ − × ÷**

| 6× | 3+ |    | 3− |
|----|----|----|----|
|    | 7+ |    |    |
| 3− | 2÷ | 5+ |    |
|    |    | 4+ |    |

EASY — HARD

### SOLVING TIME

## 6

**+ − × ÷**

| 6× |    | 3− | 2÷ |
|----|----|----|----|
| 2− |    |    |    |
| 2÷ | 3− | 4+ |    |
|    |    | 6× |    |

EASY — HARD

### SOLVING TIME

# 7

**+ − × ÷**

|  |  |  |  |
|---|---|---|---|
| 2− | 3 | 2÷ |  |
|  | 3− | 2÷ |  |
| 2÷ |  | 4 | 4+ |
|  | 6× |  |  |

## SOLVING TIME

# 8

**+ − × ÷**

|  |  |  |  |
|---|---|---|---|
| 3+ | 4 | 2− |  |
|  | 2÷ |  | 3 |
| 12× |  | 2÷ |  |
| 4+ |  | 2÷ |  |

## SOLVING TIME

## 9

+ − × ÷

| 2÷ |    | 2÷ | 12× |
|----|----|----|-----|
| 4+ |    |    |     |
| 3− |    | 3  | 3+  |
| 3  | 2÷ |    |     |

EASY ———— HARD

**SOLVING TIME**

## 10

+ − × ÷

| 3+ |    | 7+ | 4  |
|----|----|----|----|
| 6× |    |    | 2− |
| 1  | 2− |    |    |
| 7+ |    | 2÷ |    |

EASY ———— HARD

**SOLVING TIME**

## 11

**+ − × ÷**

| 3   | 2÷  |    | 3−  |
|-----|-----|----|-----|
| 6×  |     | 7+ |     |
| 3−  | 2÷  |    | 2   |
|     |     | 4+ |     |

EASY — HARD

**SOLVING TIME**

## 12

**+ − × ÷**

| 3−  | 7+  |    | 6×  |
|-----|-----|----|-----|
|     | 3−  | 6× |     |
| 5+  |     |    | 5+  |
|     | 2÷  |    |     |

EASY — HARD

**SOLVING TIME**

## 13

+ − × ÷

| 2÷ |     | 6× | 3− |
|----|-----|-----|-----|
| 4+ | 1   |     |     |
|    | 12× | 3− | 1− |
| 2  |     |     |     |

**SOLVING TIME**

## 14

+ − × ÷

| 3− |    | 6× |    |
|----|----|-----|----|
| 2÷ | 2− |     | 4  |
|    | 2  | 2÷ | 2− |
| 7+ |    |     |    |

**SOLVING TIME**

## 15

+ − × ÷

|  |  |  |  |
|---|---|---|---|
| 2÷ |  | 3 | 3+ |
| 3− | 12× |  |  |
|  | 2÷ | 2− |  |
| 3 |  | 2÷ |  |

EASY — HARD

### SOLVING TIME

## 16

+ − × ÷

|  |  |  |  |
|---|---|---|---|
| 3+ |  | 12× |  |
| 3− | 2÷ |  | 3 |
|  | 6× |  | 2÷ |
| 3 | 3− |  |  |

EASY — HARD

### SOLVING TIME

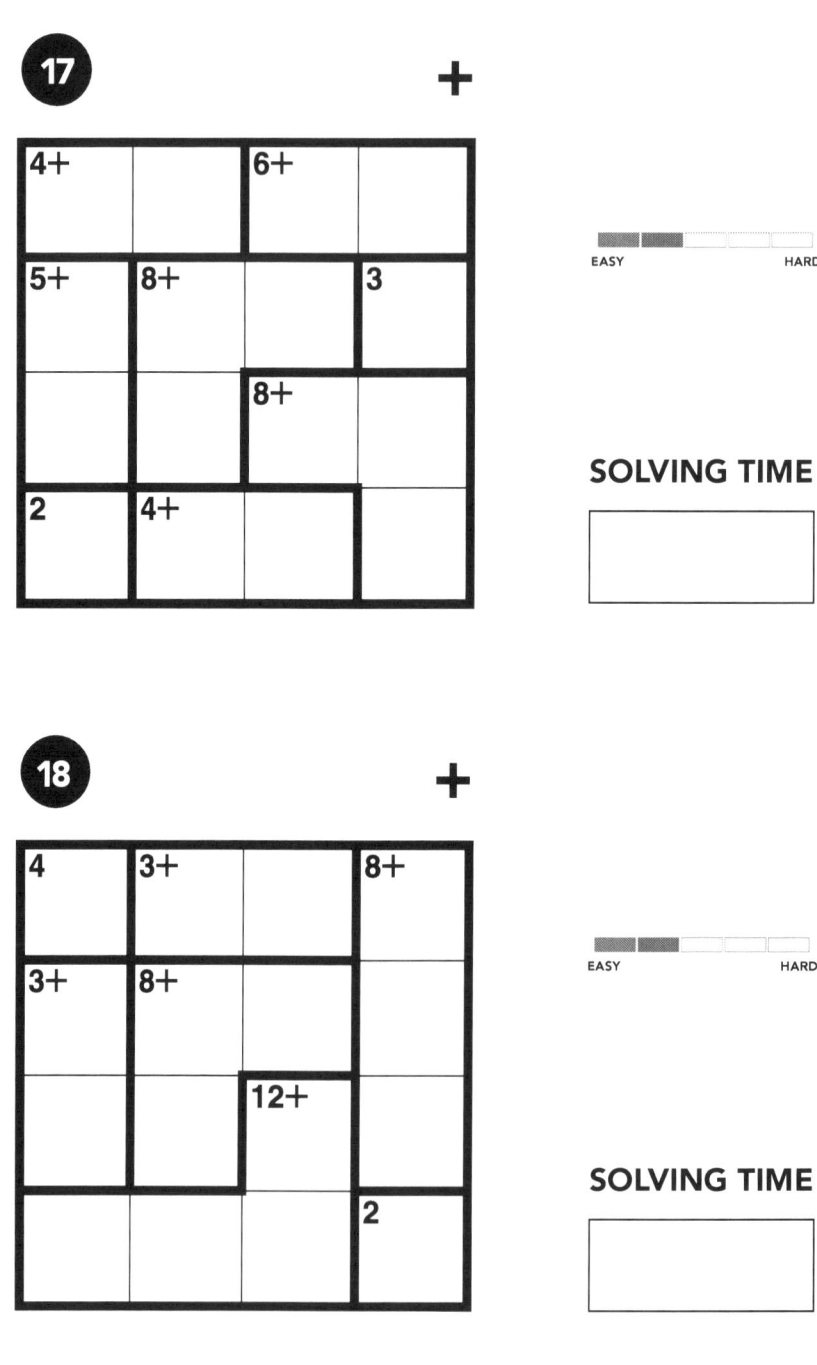

## 19

+ −

| 7+ |    | 2− | 2− |
|----|----|----|----|
| 7+ | 2  |    |    |
|    | 3− |    | 2− |
|    | 5+ |    |    |

EASY — HARD

**SOLVING TIME**

## 20

+ −

| 7+ | 1− |    | 1− |
|----|----|----|----|
|    | 3− |    |    |
| 6+ | 1  | 7+ |    |
|    |    | 2− |    |

EASY — HARD

**SOLVING TIME**

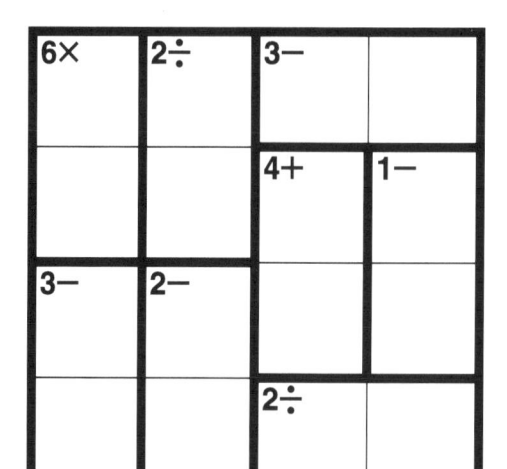

## 21

+ − × ÷

| 1− | 6× |    | 3− |
|    | 3− | 2  |    |
| 2÷ |    | 8+ | 6× |
|    |    |    |    |

EASY · HARD

**SOLVING TIME**

## 22

+ − × ÷

| 6× | 2÷ | 3− |    |
|    |    | 4+ | 1− |
| 3− | 2− |    |    |
|    |    | 2÷ |    |

EASY · HARD

**SOLVING TIME**

## 23

**+ − × ÷**

| 3− | 3+ |    | 1− |
|    | 6× |    |    |
| 6× |    | 5+ | 2÷ |
| 1− |    |    |    |

EASY — HARD

**SOLVING TIME**

## 24

**+ − × ÷**

| 2  | 12× |    |    |
| 7+ | 4   | 1− | 2÷ |
|    | 4+  |    |    |
|    |     | 1− |    |

EASY — HARD

**SOLVING TIME**

## 25

+ − × ÷

|  |  |  |  |
|---|---|---|---|
| 7+ |  | 6× |  |
|  | 6+ |  | 16× |
| 2− |  |  |  |
|  | 2÷ |  | 3 |

EASY — HARD

**SOLVING TIME**

## 26

+ − × ÷

|  |  |  |  |
|---|---|---|---|
| 2− | 2 | 3− |  |
|  | 24× |  |  |
| 5+ |  | 2÷ | 2− |
| 3− |  |  |  |

EASY — HARD

**SOLVING TIME**

# 27

+ − × ÷

**SOLVING TIME**

# 28

+ − × ÷

**SOLVING TIME**

## 29

+ − × ÷

| 2 | 7+ | 3+ | 2− |
|---|----|----|----|
| 12× |  |  |  |
|  | 2÷ | 1− |  |
|  |  | 2÷ |  |

EASY — HARD

**SOLVING TIME**

## 30

+ − × ÷

| 1− |  | 3− |  |
|----|--|----|--|
| 2− | 6× |  |  |
|  | 10+ |  | 2÷ |
| 3− |  |  |  |

EASY — HARD

**SOLVING TIME**

## 31

$+ - \times \div$

| 4 | 7+ | 6× | 4+ |
|---|----|----|----|
| 6+ |   |    |    |
|   |   | 2÷ |    |
|   | 2− |    | 4  |

EASY — HARD

**SOLVING TIME**

## 32

$+ - \times \div$

| 3 | 3− |   | 2− |
|---|----|---|----|
| 2÷ | 6× |   |   |
|   | 3  |   | 2− |
| 7+ |   |   |   |

EASY — HARD

**SOLVING TIME**

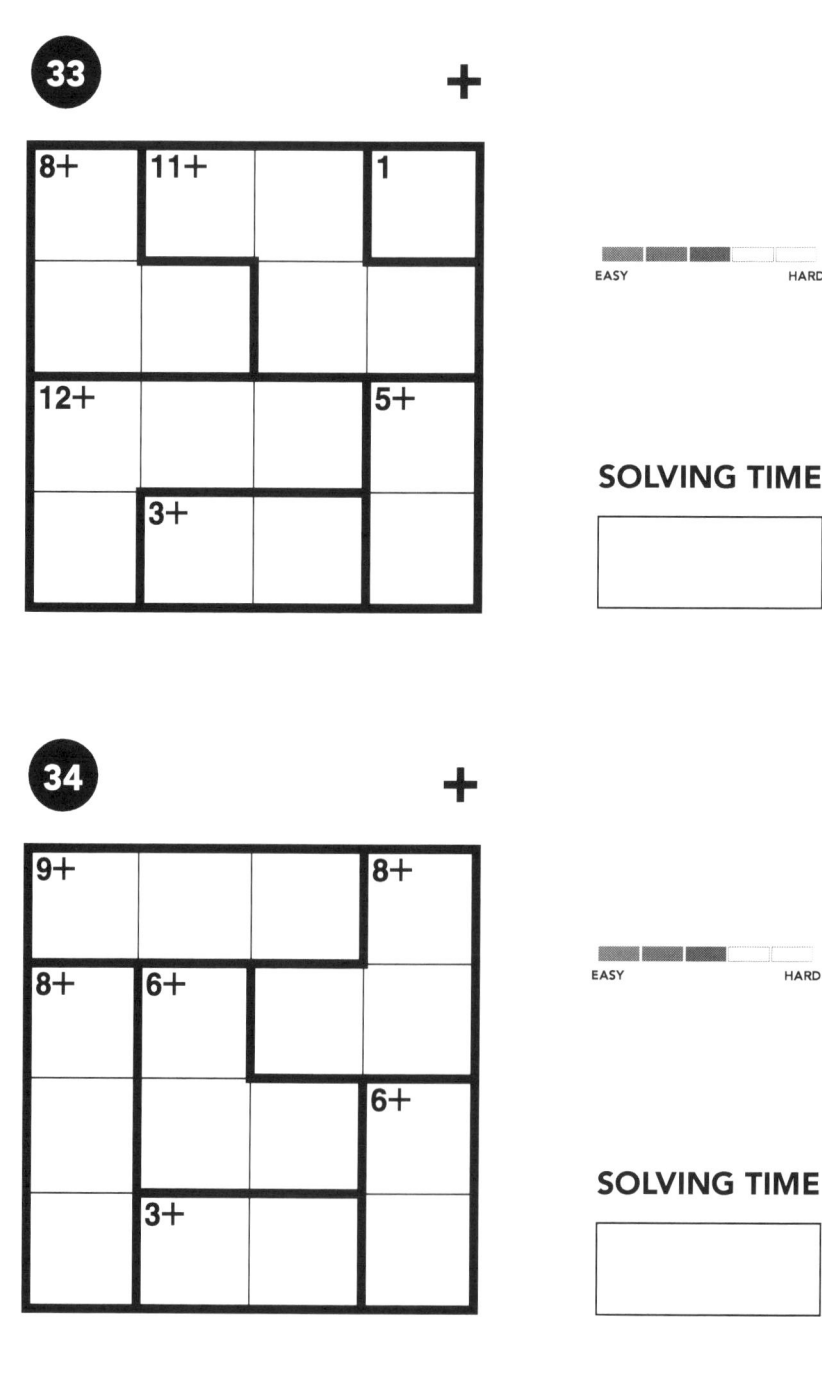

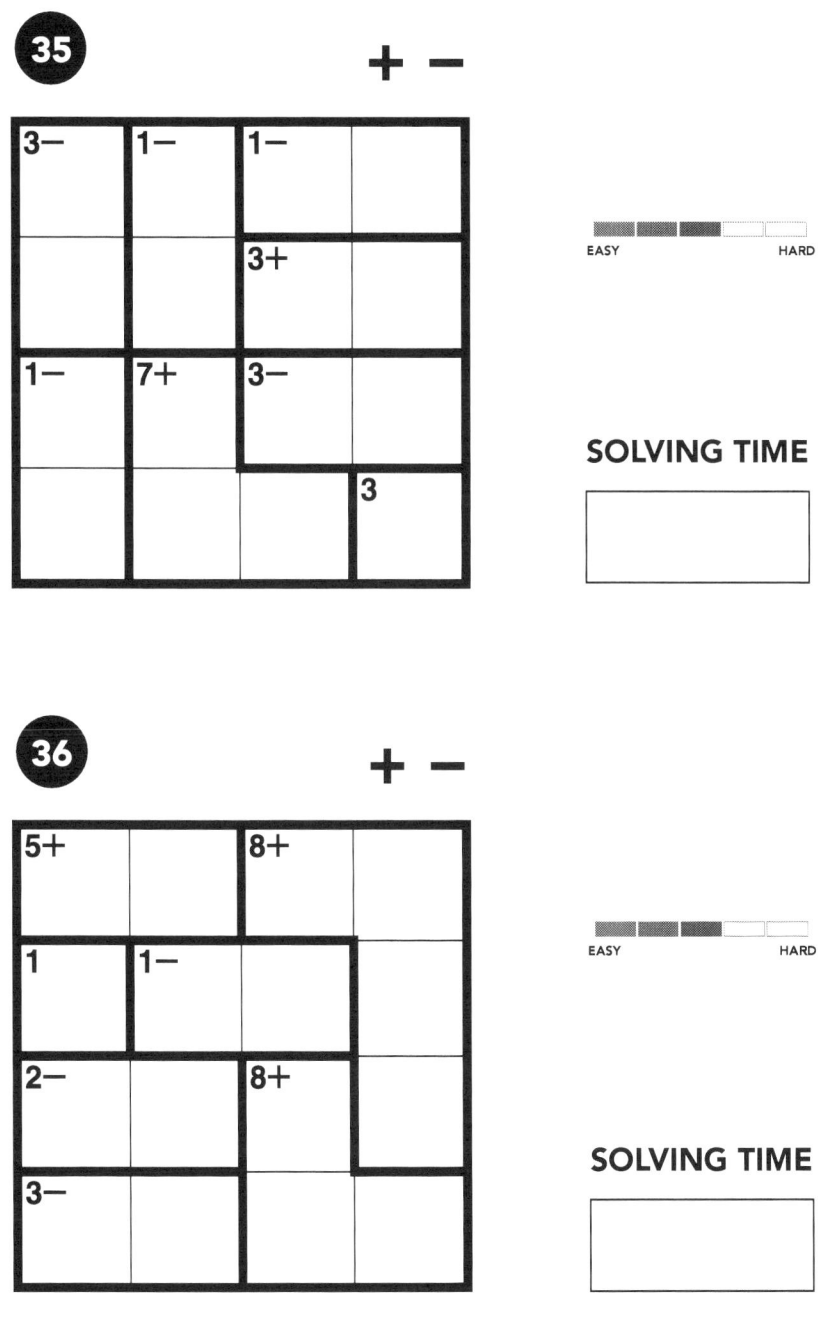

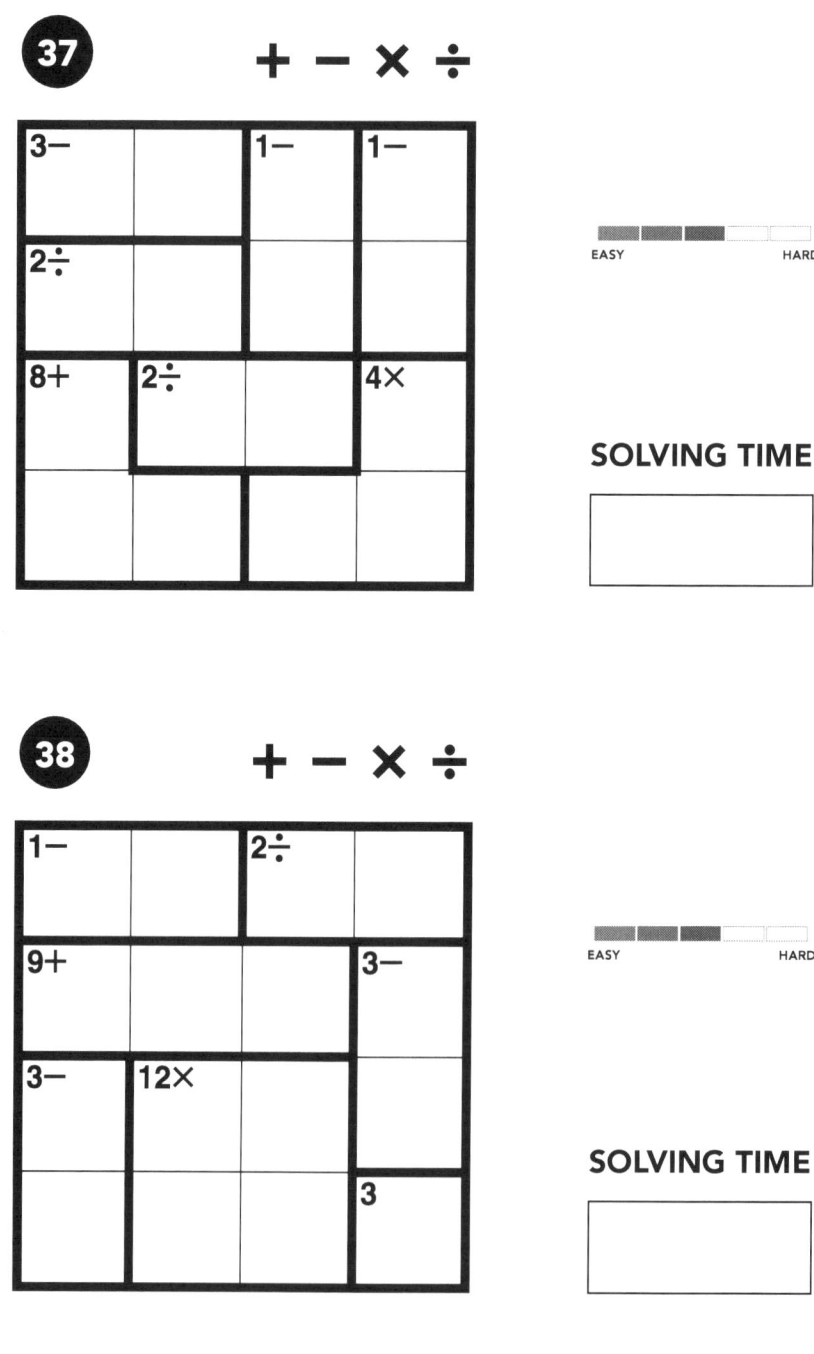

## 39

+ − × ÷

| 8× | | | 7+ |
|---|---|---|---|
| 6+ | 4 | | |
| | 1− | | 2÷ |
| | 3− | | |

EASY — HARD

### SOLVING TIME

## 40

+ − × ÷

| 2÷ | 4+ | | 1− |
|---|---|---|---|
| | 3− | | |
| 9+ | | | 8× |
| 2− | | | |

EASY — HARD

### SOLVING TIME

## 41

+ − × ÷

| 3− | 24× | 6+ |    |
|    |     |    |    |
| 6+ |     | 2÷ |    |
|    | 2−  |    | 4  |

EASY ▬▬▬ HARD

**SOLVING TIME**

## 42

+ − × ÷

| 4  | 6× |    |    |
| 1− | 2÷ |    | 8+ |
|    | 3− |    |    |
| 2÷ |    | 3  |    |

EASY ▬▬▬ HARD

**SOLVING TIME**

## 43

**+ − × ÷**

| 1− |    | 1− |    |
|----|----|----|----|
| 2− |    | 6× | 7+ |
| 2÷ |    |    |    |
| 4  | 2− |    |    |

EASY                HARD

### SOLVING TIME

## 44

**+ − × ÷**

| 3  | 8× |    |    |
|----|----|----|----|
| 2− |    | 3+ | 1− |
| 2÷ | 3− |    |    |
|    |    | 1− |    |

EASY                HARD

### SOLVING TIME

## 45

**+ − × ÷**

| 1− | 6× | 3− |    |
|----|----|----|----|
|    |    |    | 2÷ |
| 2÷ |    | 8+ |    |
| 3− |    |    |    |

EASY — HARD

**SOLVING TIME**

## 46

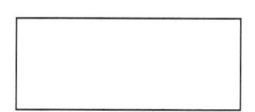

**+ − × ÷**

| 16× |    | 7+ | 5+ |
|-----|----|----|----|
| 2−  |    |    |    |
|     |    | 1− |    |
| 1−  |    | 2÷ |    |

EASY — HARD

**SOLVING TIME**

### 47

+ − × ÷

| 3− | 1− | 2÷ | 3 |
|---|---|---|---|
|  |  |  | 8× |
| 1− | 3− |  |  |
|  | 4+ |  |  |

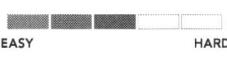

EASY　　　　　HARD

**SOLVING TIME**

### 48

+ − × ÷

| 12× | 5+ |  | 1 |
|---|---|---|---|
|  | 1− |  | 2− |
|  | 3+ |  |  |
| 2÷ |  | 1− |  |

EASY　　　　　HARD

**SOLVING TIME**

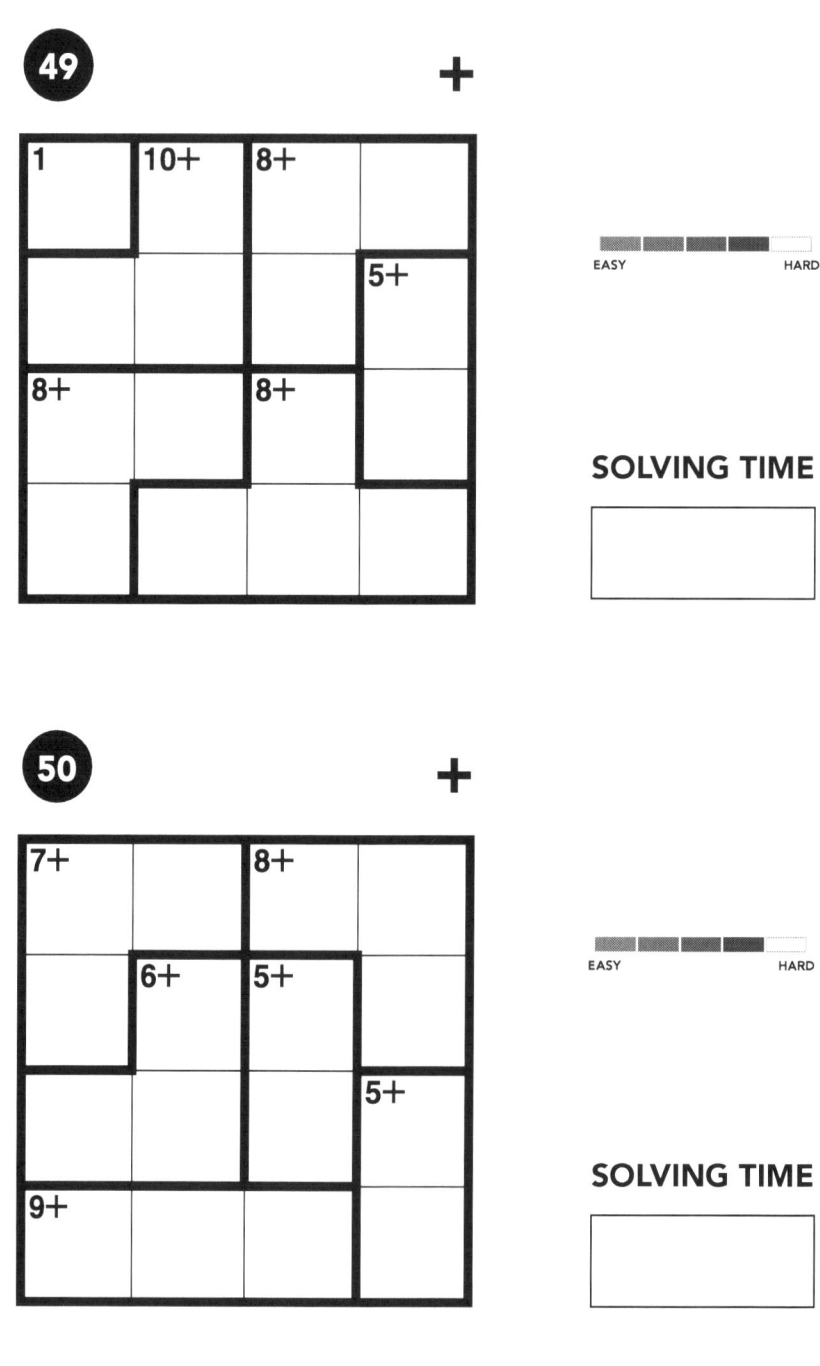

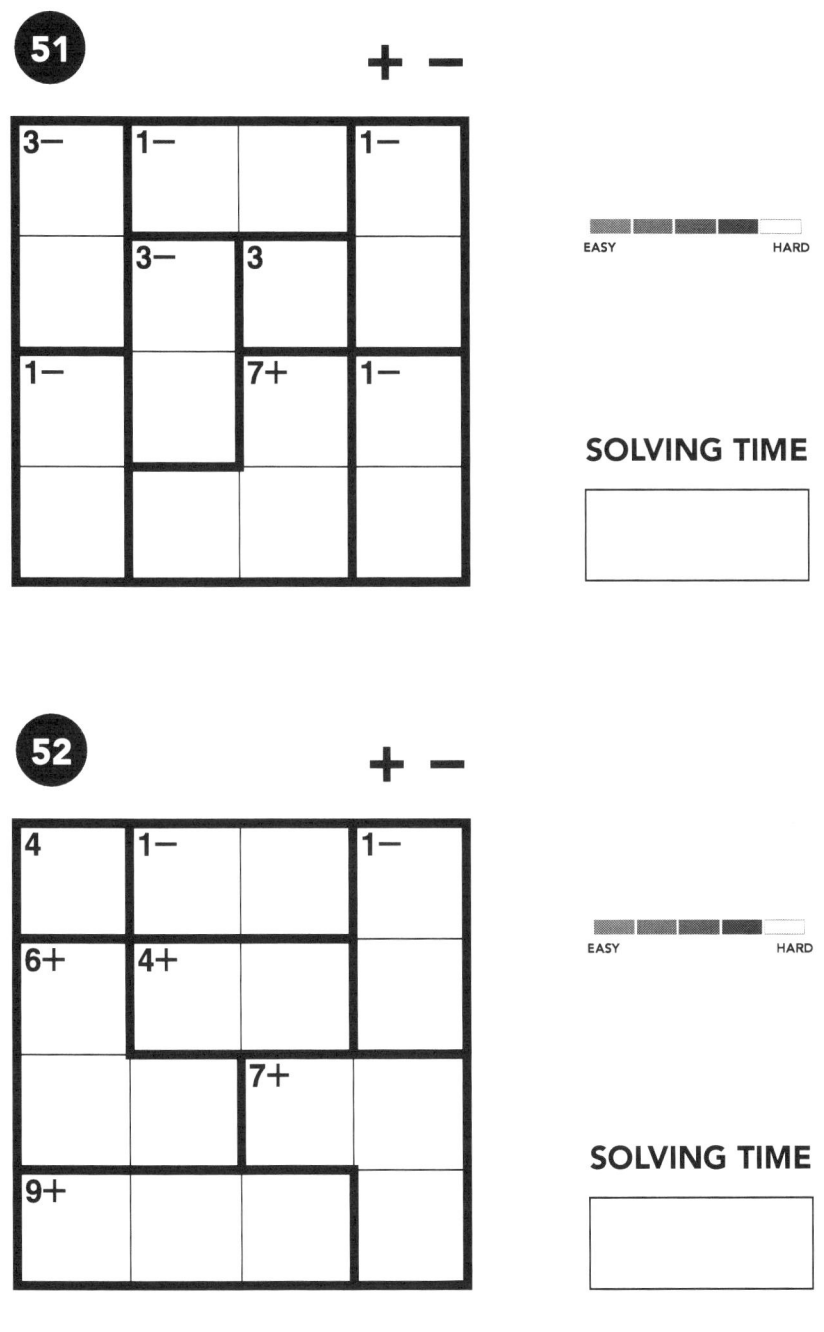

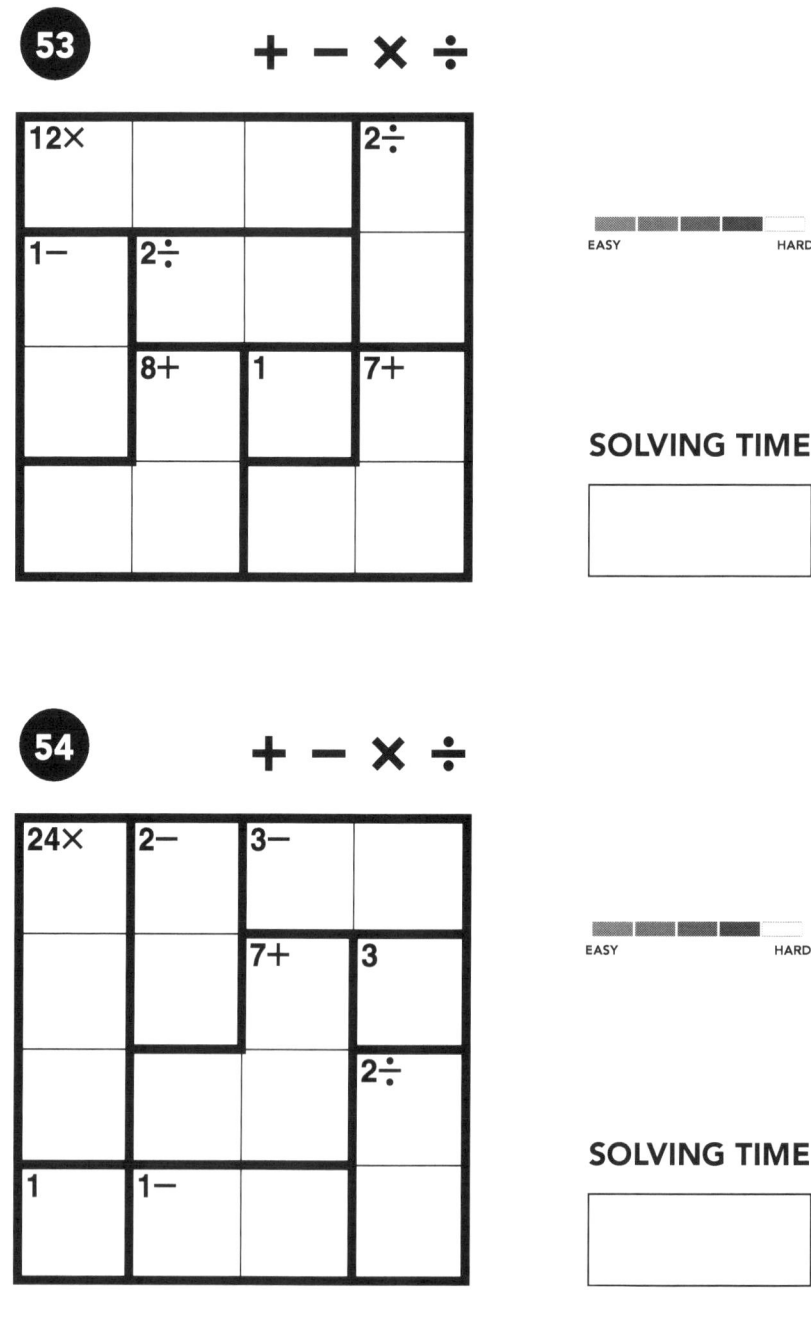

## 55

+ − × ÷

| 1− |    | 12× | 3− |
|----|----|-----|----|
| 2− |    |     |    |
|    | 7+ | 2÷  |    |
|    |    | 1−  |    |

EASY — HARD

**SOLVING TIME**

## 56

+ − × ÷

| 16× | 1  | 8+ |    |
|-----|----|----|----|
|     |    |    | 7+ |
| 1−  | 1− |    |    |
|     | 2÷ |    |    |

EASY — HARD

**SOLVING TIME**

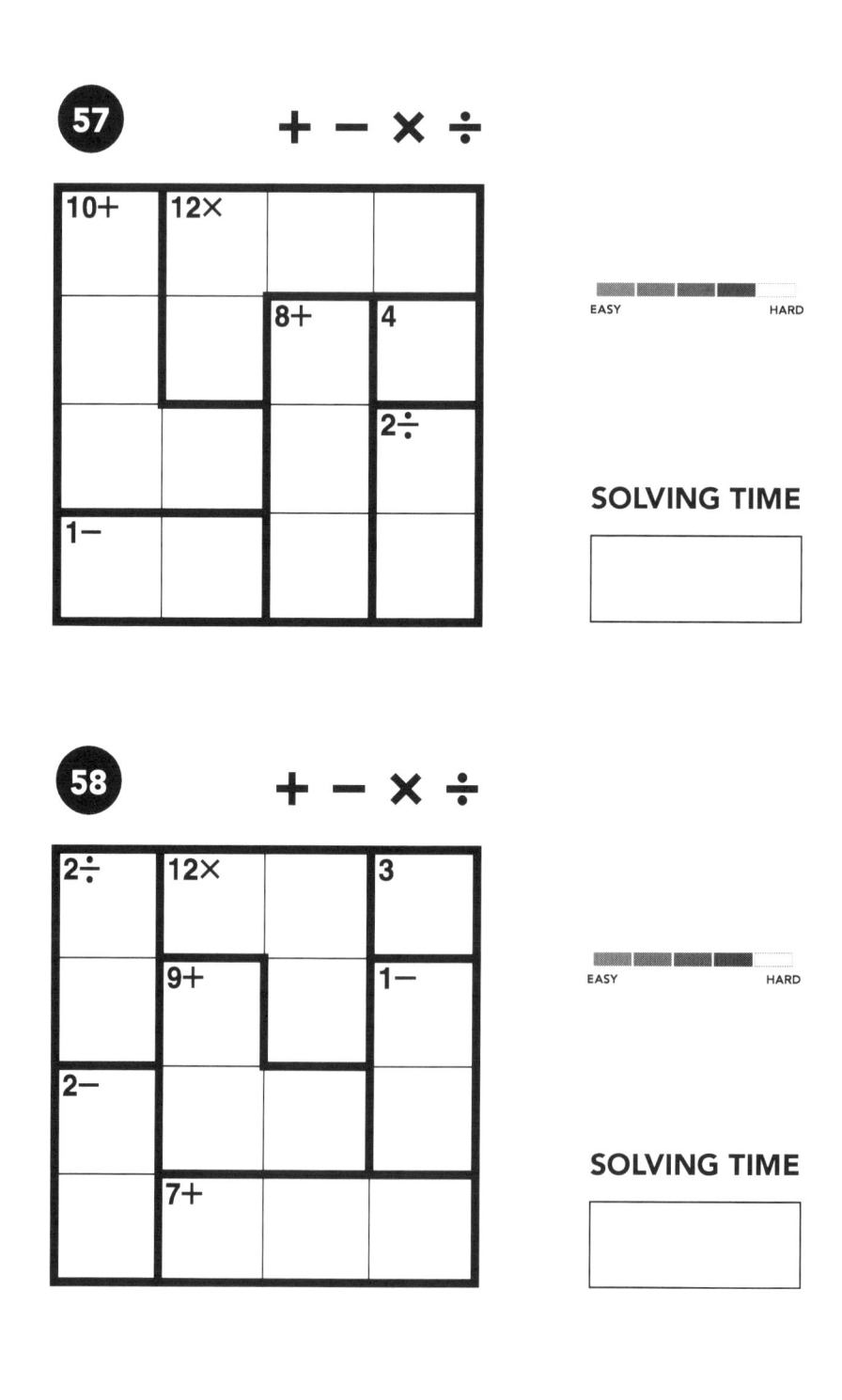

## 57

+ − × ÷

| 10+ | 12× |    |    |
|     |     | 8+ | 4  |
|     |     |    | 2÷ |
| 1−  |     |    |    |

EASY — HARD

**SOLVING TIME**

## 58

+ − × ÷

| 2÷ | 12× |    | 3  |
|    | 9+  |    | 1− |
| 2− |     |    |    |
|    | 7+  |    |    |

EASY — HARD

**SOLVING TIME**

## 59

+ − × ÷

|  |  |  |  |
|---|---|---|---|
| 2÷ | 2÷ |  | 3 |
|  | 12× |  |  |
| 8+ |  | 1− | 2÷ |
| 1 |  |  |  |

EASY — HARD

### SOLVING TIME

## 60

+ − × ÷

|  |  |  |  |
|---|---|---|---|
| 2÷ | 1− |  | 3− |
|  | 2− |  |  |
| 6× |  | 1− |  |
|  | 7+ |  |  |

EASY — HARD

### SOLVING TIME

## 61

**+ − × ÷**

| 1− | | 1− | 8× |
|---|---|---|---|
| 2÷ | 4+ | | |
| | | 4 | |
| 2÷ | | 2− | |

EASY ▮▮▮▮▯ HARD

### SOLVING TIME

## 62

**+ − × ÷**

| 24× | 6+ | | |
|---|---|---|---|
| | | 2÷ | 24× |
| 12× | | | |
| | 3− | | |

EASY ▮▮▮▯▯ HARD

### SOLVING TIME

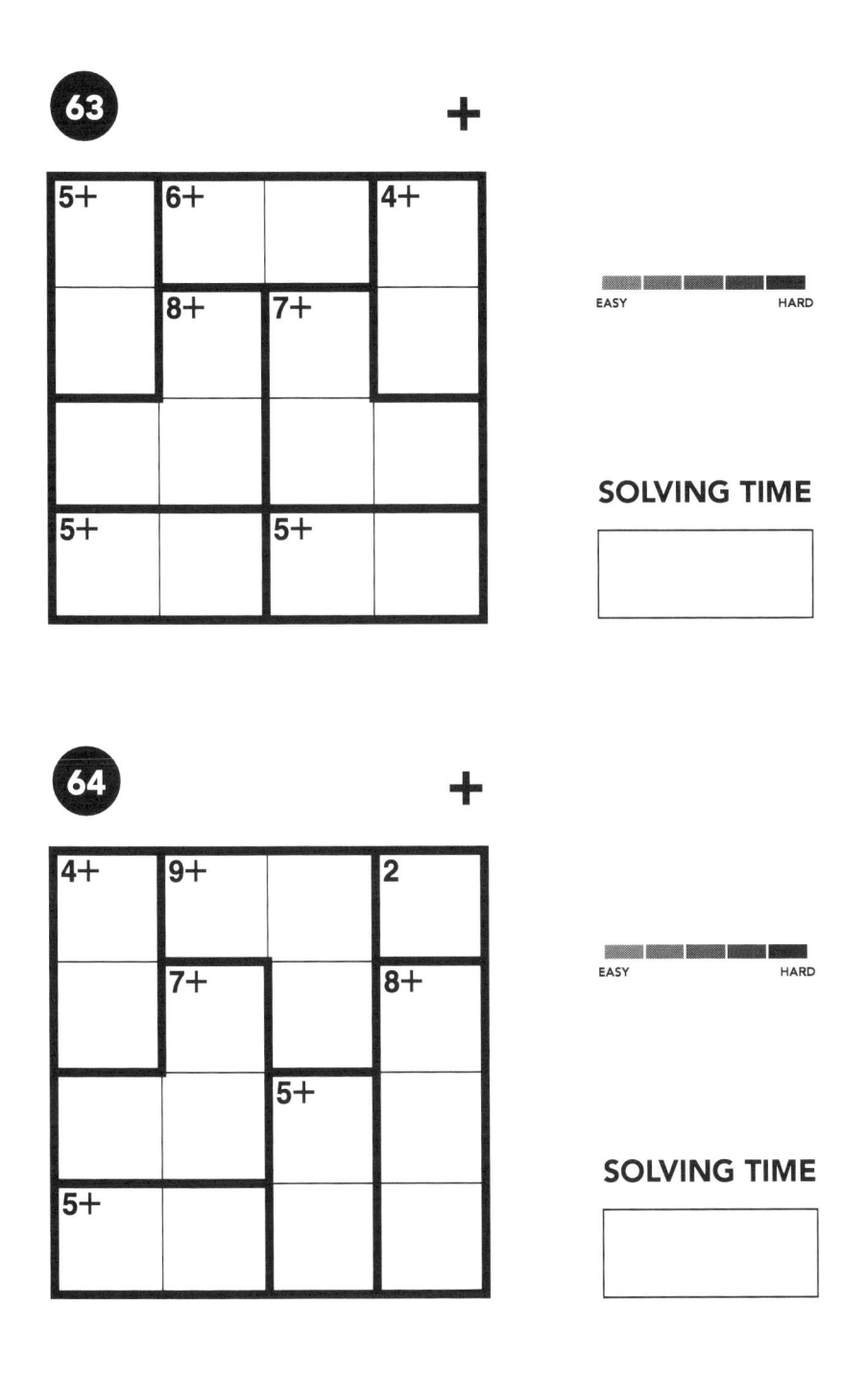

## 63 +

| 5+ | 6+ |    | 4+ |
|    | 8+ | 7+ |    |
|    |    |    |    |
| 5+ |    | 5+ |    |

## 64 +

| 4+ | 9+ |    | 2  |
|    | 7+ |    | 8+ |
|    |    | 5+ |    |
| 5+ |    |    |    |

**SOLVING TIME**

## 65

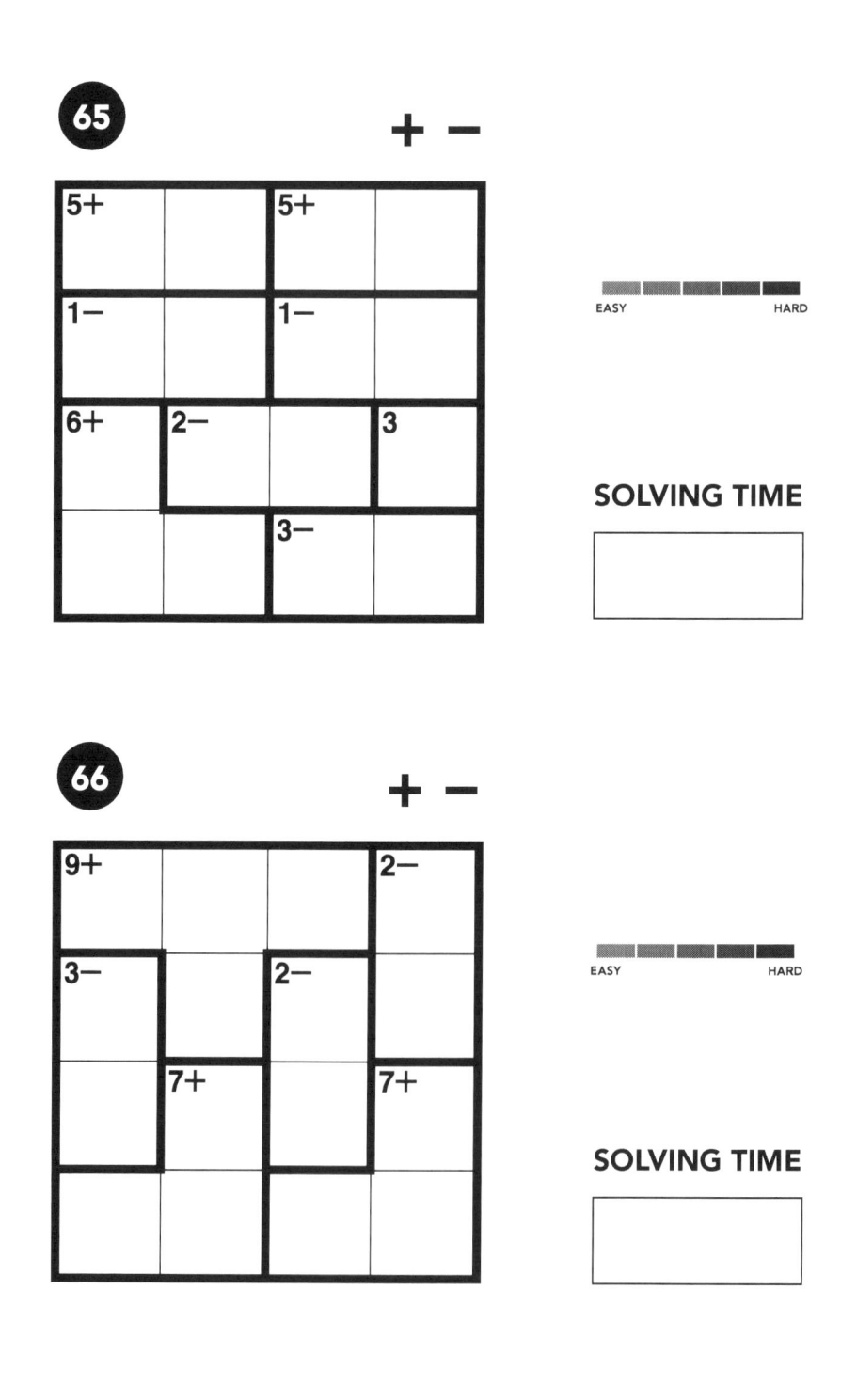

+ −

|  |  |  |  |
|---|---|---|---|
| 5+ |  | 5+ |  |
| 1− |  | 1− |  |
| 6+ | 2− |  | 3 |
|  |  | 3− |  |

EASY — HARD

**SOLVING TIME**

## 66

+ −

|  |  |  |  |
|---|---|---|---|
| 9+ |  |  | 2− |
| 3− |  | 2− |  |
|  | 7+ |  | 7+ |
|  |  |  |  |

EASY — HARD

**SOLVING TIME**

**67** + − × ÷

| 1 | 24× |    |    |
|---|-----|----|----|
| 1−|     | 12×|    |
| 8+| 2÷  |    |    |
|   |     | 2÷ |    |

EASY — HARD

### SOLVING TIME

---

**68** + − × ÷

| 12×| 1− |    | 2÷ |
|----|----|----|----|
|    |    | 8+ |    |
| 1− | 1− |    |    |
|    |    | 1− |    |

EASY — HARD

### SOLVING TIME

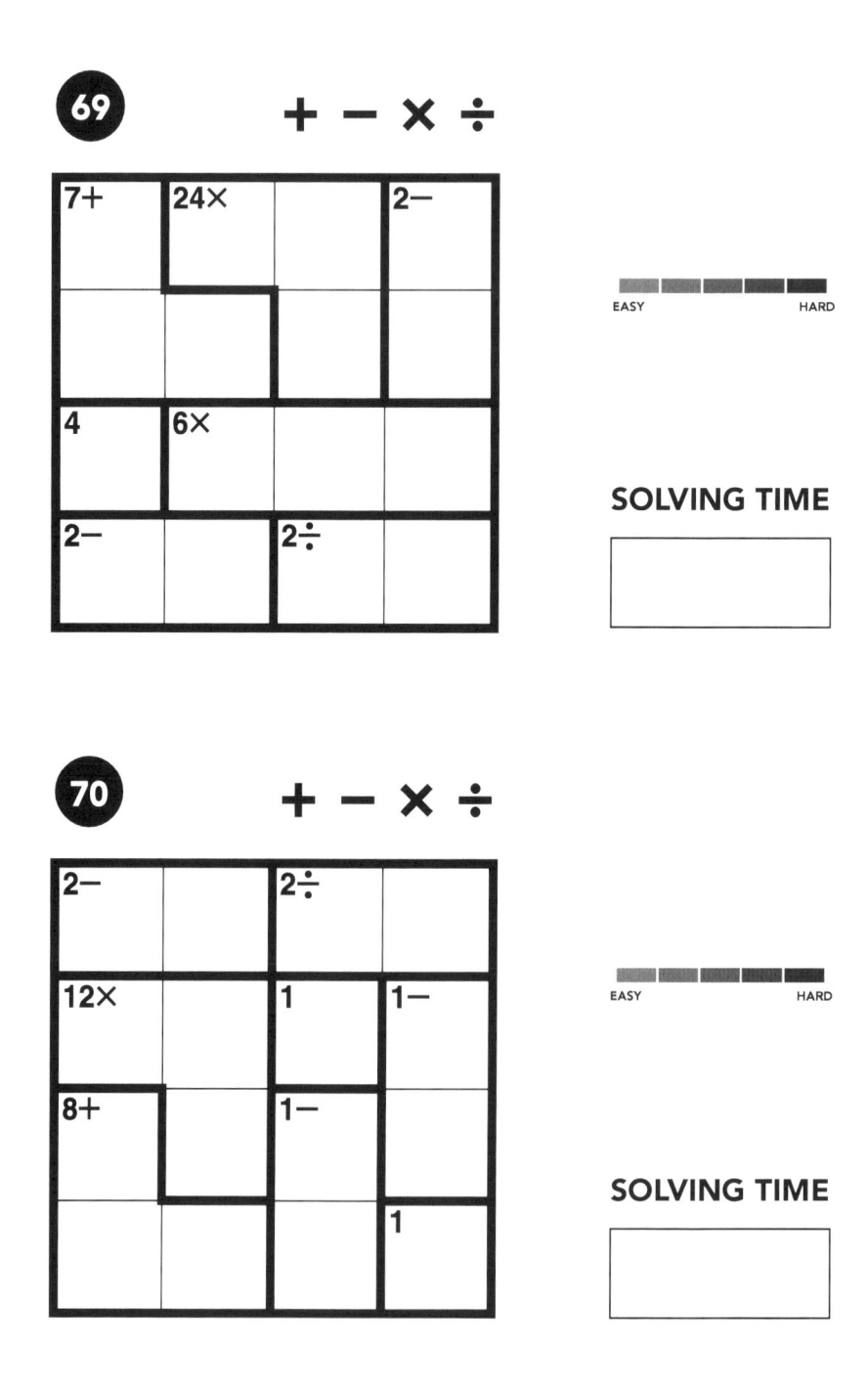

## 69

+ − × ÷

| 7+ | 24× |    | 2− |
|    |     |    |    |
| 4  | 6×  |    |    |
| 2− |     | 2÷ |    |

EASY — HARD

**SOLVING TIME**

## 70

+ − × ÷

| 2− |    | 2÷ |    |
| 12×|    | 1  | 1− |
| 8+ |    | 1− |    |
|    |    |    | 1  |

EASY — HARD

**SOLVING TIME**

## 71

+ − × ÷

| 12× |  | 2÷ | 1 |
|---|---|---|---|
|  | 2÷ |  | 1− |
| 2− |  | 9+ |  |
|  |  |  |  |

EASY — HARD

**SOLVING TIME**

## 72

+ − × ÷

| 12× |  |  | 2 |
|---|---|---|---|
| 6+ | 9+ | 2÷ |  |
|  |  |  | 1− |
|  | 1− |  |  |

EASY — HARD

**SOLVING TIME**

## 73

+ − × ÷

| 2− | | 8× | |
|---|---|---|---|
| 4 | 1− | | |
| 6+ | | 8+ | |
| | 2÷ | | |

EASY — HARD

**SOLVING TIME**

## 74

+ − × ÷

| 12× | | 2− | 3− |
|---|---|---|---|
| 5+ | | | |
| | 12× | 2÷ | 1− |
| | | | |

EASY — HARD

**SOLVING TIME**

## 75

+ − × ÷

| 12× |  | 2÷ |  |
|---|---|---|---|
|  |  | 9+ |  |
| 1− | 2− | 1 |  |
|  |  | 2− |  |

EASY — HARD

**SOLVING TIME**

## 76

+ − × ÷

| 16× |  | 1− | 4+ |
|---|---|---|---|
| 2− |  |  |  |
|  | 8+ | 2÷ | 2÷ |
|  |  |  |  |

EASY — HARD

**SOLVING TIME**

## 77 +

| 4+ |    | 9+ | 3+ | 7+ |
|----|----|----|----|----|
| 9+ | 8+ |    |    |    |
|    |    |    | 7+ | 8+ |
| 5+ | 3+ |    |    |    |
|    | 4  | 8+ |    |    |

## 78 +

| 6+  | 3+ | 9+ |    | 9+ |
|-----|----|----|----|----|
|     |    | 4+ |    |    |
| 11+ |    |    | 6+ |    |
| 1   |    | 7+ | 5+ | 5+ |
| 9+  |    |    |    |    |

**SOLVING TIME**

## 79

+ −

| 8+ | 5+ |    | 4− | 6+ |
|----|----|----|----|----|
|    |    | 9+ |    |    |
| 4− |    |    | 5+ | 3  |
| 12+|    | 2  |    | 4− |
| 2  |    | 3− |    |    |

EASY — HARD

**SOLVING TIME**

## 80

+ −

| 3+ |    | 7+ |    | 9+ |
|----|----|----|----|----|
| 4+ | 4− |    | 9+ |    |
|    | 6+ | 9+ |    |    |
| 9+ |    |    |    | 2  |
|    | 5+ |    | 4− |    |

EASY — HARD

**SOLVING TIME**

## 81

+ − × ÷

| 1 | 12× |   | 10× |   |
|---|---|---|---|---|
| 1− | 2÷ | 3 | 4− | 3+ |
|   |   | 25× |   |   |
| 10× |   |   | 3 | 48× |
|   | 3+ |   |   |   |

EASY — HARD

### SOLVING TIME

## 82

+ − × ÷

| 48× |   | 5 | 2÷ |   |
|---|---|---|---|---|
|   | 4− |   | 2 | 11+ |
| 2÷ | 2÷ |   |   |   |
|   | 2− |   | 80× |   |
| 30× |   |   |   | 1 |

EASY — HARD

### SOLVING TIME

## 83

+ − × ÷

| 3− | | 4− | 6× | |
|---|---|---|---|---|
| 9+ | | | 4+ | 3− |
| 5+ | | 1− | | |
| 15× | 2÷ | | 40× | 3− |
| | | | | |

EASY ▮▮□□□ HARD

### SOLVING TIME

## 84

+ − × ÷

| 2÷ | | 36× | 2÷ | 6+ |
|---|---|---|---|---|
| 5 | | | | |
| 10+ | | | 4− | 7+ |
| 5+ | 2÷ | 4− | | |
| | | | 1− | |

EASY ▮▮□□□ HARD

### SOLVING TIME

## 85

**+ − × ÷**

| 3 | 2÷ |    | 60× |    |
|---|----|----|-----|----|
| 9+ | 5 | 3+ |    |    |
|   | 3− |    | 6× | 3− |
| 1− | 1− | 3 |    |    |
|   |   | 9+ |    | 1 |

EASY — HARD

### SOLVING TIME

## 86

**+ − × ÷**

| 9+ | 3+ |    | 9+ |    |
|----|----|----|----|----|
|    | 15× |   |    | 5+ |
| 6× | 9+ |    |    |    |
|    | 2÷ | 4− |    | 10× |
|    |    | 12× |   |    |

EASY — HARD

### SOLVING TIME

## 87

+ − × ÷

| 45× | 9+ |    | 4+ |    |
|-----|-----|-----|-----|-----|
|     |    | 2÷ |    |    |
| 7+  | 4− |    | 1− | 9+ |
|     |    | 4+ |    |    |
| 2÷  |    |    | 15× |    |

EASY — HARD

### SOLVING TIME

## 88

+ − × ÷

| 15× |     | 3+ |     | 8× |
|-----|-----|-----|-----|-----|
| 4−  | 60× |    |    |    |
|     | 3+  |    | 1− |    |
| 4   |     | 5+ | 13+ |    |
| 2÷  |     |    |    | 1  |

EASY — HARD

### SOLVING TIME

## 89

**+ − × ÷**

| 4+ |    | 1− | 4− | 1− |
|----|----|----|----|----|
| 2÷ |    |    |    |    |
| 4− | 18× |   | 5+ |    |
|    | 4  |    | 1− | 20× |
| 2  | 4− |    |    |    |

EASY — HARD

**SOLVING TIME**

## 90

**+ − × ÷**

| 12× |    | 2÷ | 2÷ | 5  |
|-----|----|----|----|----|
| 4−  |    |    |    | 5+ |
| 3   | 2÷ | 4− |    |    |
| 2÷  |    | 60× | 20× |   |
|     |    |    | 4+ |   |

EASY — HARD

**SOLVING TIME**

## 91 +

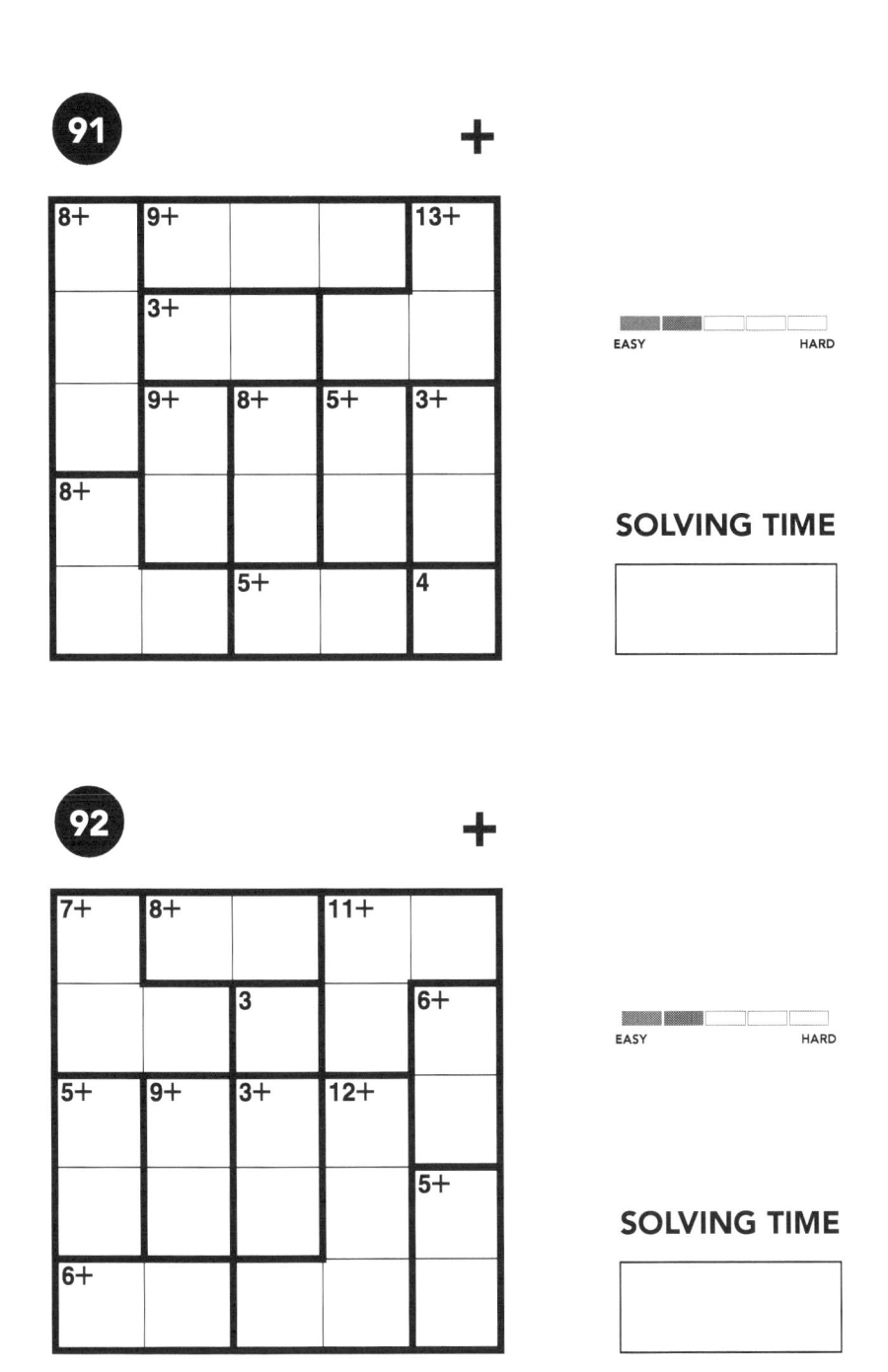

EASY ▨▨□□ HARD

### SOLVING TIME

## 92 +

EASY ▨▨□□ HARD

### SOLVING TIME

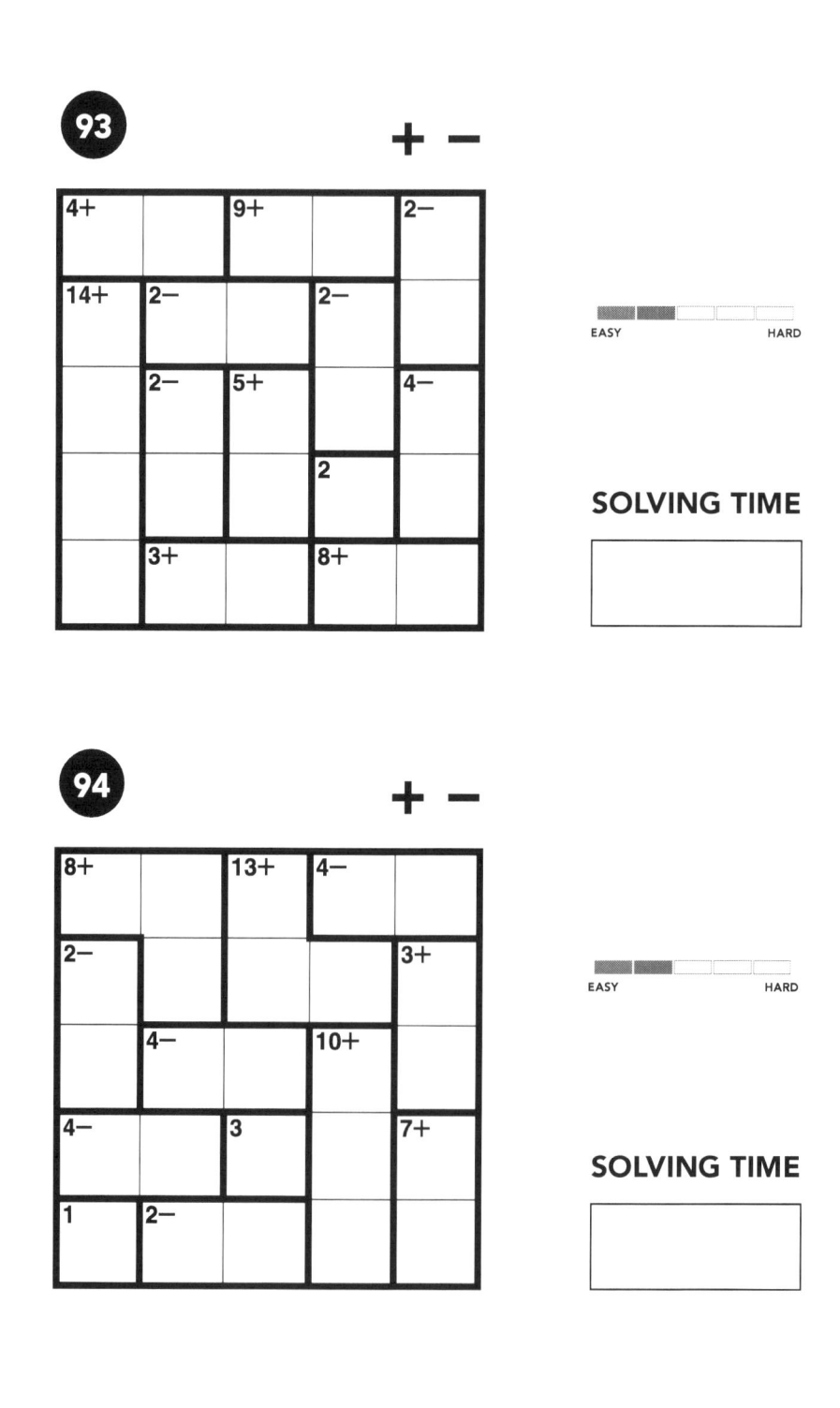

## 93

+ −

| 4+ |  | 9+ |  | 2− |
|---|---|---|---|---|
| 14+ | 2− |  | 2− |  |
|  | 2− | 5+ |  | 4− |
|  |  |  | 2 |  |
|  | 3+ |  | 8+ |  |

EASY  HARD

**SOLVING TIME**

## 94

+ −

| 8+ |  | 13+ | 4− |  |
|---|---|---|---|---|
| 2− |  |  |  | 3+ |
|  | 4− |  | 10+ |  |
| 4− |  | 3 |  | 7+ |
| 1 | 2− |  |  |  |

EASY  HARD

**SOLVING TIME**

## 95

+ − × ÷

| 2÷ |     | 2−  | 10× | 2−  |
|----|-----|-----|-----|-----|
| 3+ | 3−  |     |     |     |
|    |     | 8×  | 2−  |     |
| 13+|     |     |     | 4   |
|    | 4+  |     | 2÷  |     |

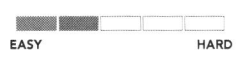

EASY — HARD

### SOLVING TIME

## 96

+ − × ÷

| 1− | 1   | 10× | 9+ |    |
|----|-----|-----|----|----|
|    | 15× |     |    | 7+ |
| 9+ |     | 8+  |    |    |
|    |     |     | 3  | 6× |
| 2÷ |     | 1−  |    |    |

EASY — HARD

### SOLVING TIME

## 97

+ − × ÷

| 3+ |    | 1− |    | 3− |    |
|----|----|----|----|----|----|
| 6× | 9+ | 3− |    |    |    |
|    |    | 5  | 2− |    |    |
| 1− | 4+ | 6× | 4− |    |    |
|    |    |    | 2÷ |    |    |

EASY — HARD

**SOLVING TIME**

## 98

+ − × ÷

| 24× | 60× | 2÷  |     | 4+ |
|-----|-----|-----|-----|----|
|     |     | 25× |     |    |
|     | 2−  |     |     | 4  |
| 4−  |     | 30× |     |    |
|     | 2−  |     | 2÷  |    |

EASY — HARD

**SOLVING TIME**

## 99

+ − × ÷

| 1− | | 5+ | | 9+ |
|---|---|---|---|---|
| 50× | | 6+ | | |
| | 1− | | | 6+ |
| 5+ | 2÷ | | 15× | |
| | 1− | | | |

EASY ▬▬□□ HARD

### SOLVING TIME

## 100

+ − × ÷

| 6× | 2 | 3− | 4− | |
|---|---|---|---|---|
| | 12+ | | 2÷ | 2− |
| | | 60× | | |
| 4− | | | 2− | 2÷ |
| | 2÷ | | | |

EASY ▬▬▬□ HARD

### SOLVING TIME

## 101

+ − × ÷

| 2÷ | 1− |    | 6× |    |    |
|----|----|----|----|----|----|
|    | 4+ | 4− | 6+ | 1− |    |
| 16+|    |    |    |    |    |
|    |    | 3− |    | 1  |    |
|    | 1− |    | 4− |    |    |

EASY — HARD

### SOLVING TIME

## 102

+ − × ÷

| 45× |    |    | 2÷ | 9+ |
|-----|----|----|----|----|
| 2÷  |    |    |    |    |
| 12× | 9+ |    | 1− |    |
|     | 2− | 8+ |    |    |
|     |    | 4− |    | 3  |

EASY — HARD

### SOLVING TIME

## 103

+ − × ÷

| 12× |     | 2÷  |     | 14+ |
| 2÷  |     | 12+ |     |     |
|     |     |     | 6×  |     |
| 20× | 7+  | 4−  |     | 12× |
|     |     |     |     |     |

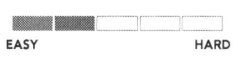

EASY — HARD

### SOLVING TIME

## 104

+ − × ÷

| 3+ | 20× |    |     | 3   |
|    | 2−  |    | 2÷  |     |
| 3  | 3+  | 7+ | 12+ |     |
| 1− |     |    | 7+  |     |
|    | 4   |    |     |     |

EASY — HARD

### SOLVING TIME

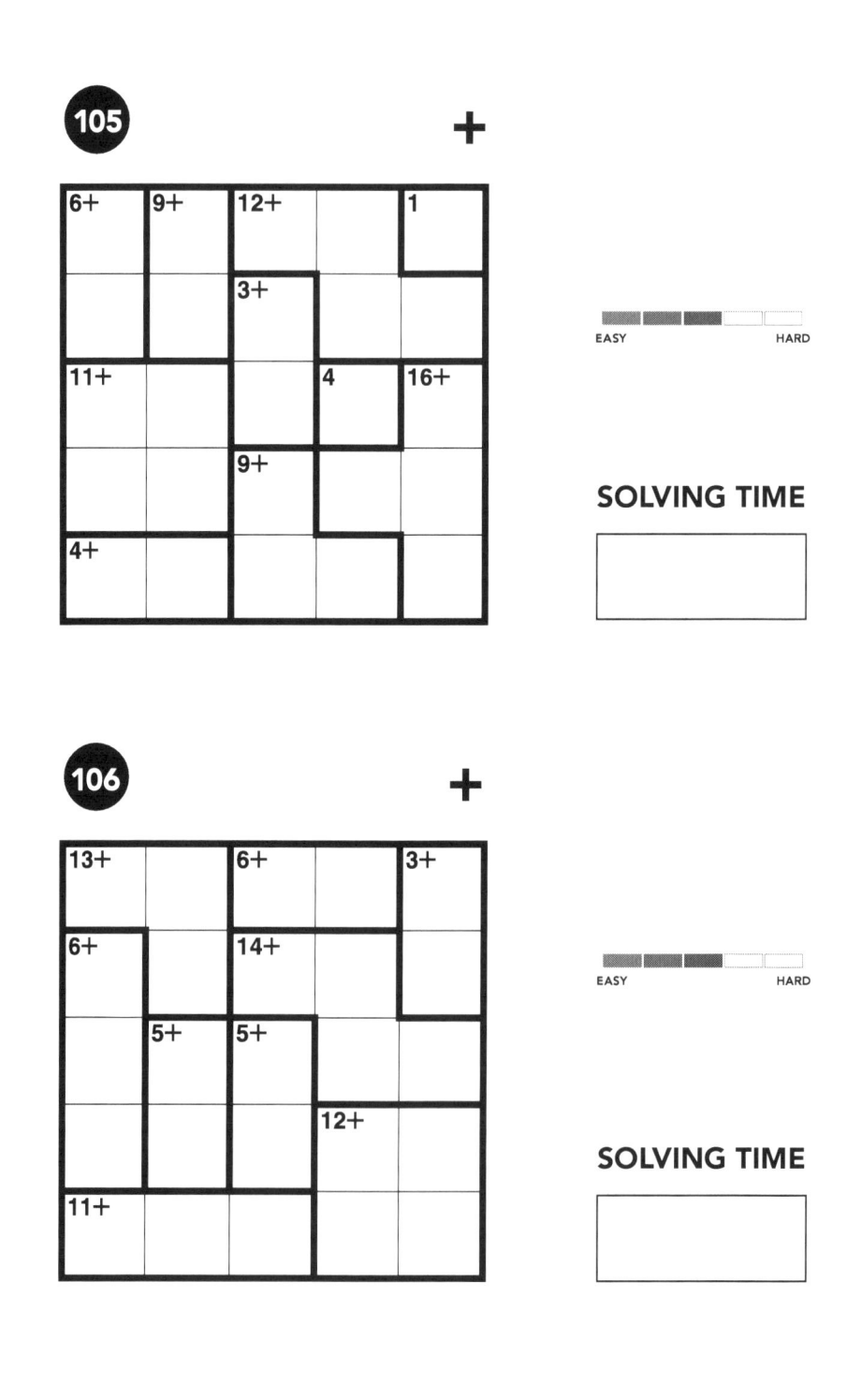

## 105 +

| 6+ | 9+ | 12+ |     | 1   |
|    |    |     |     |     |
|    |    | 3+  |     |     |
| 11+|    |     | 4   | 16+ |
|    |    | 9+  |     |     |
| 4+ |    |     |     |     |

**SOLVING TIME**

## 106 +

| 13+ |    | 6+  |     | 3+ |
| 6+  |    | 14+ |     |    |
|     | 5+ | 5+  |     |    |
|     |    |     | 12+ |    |
| 11+ |    |     |     |    |

**SOLVING TIME**

## 107

+ −

| 7+ |     | 3  | 9+  |    |
|    | 3   | 4− | 11+ |    |
| 9+ | 11+ |    |     | 3  |
|    |     | 2− | 3+  |    |
|    |     |    | 2−  |    |

**SOLVING TIME**

## 108

+ −

| 9+ |    | 1− |    | 1− |
| 8+ | 1  | 6+ | 6+ |    |
|    | 1− |    |    | 4  |
| 7+ |    | 4− | 1− | 8+ |
|    |    |    |    |    |

**SOLVING TIME**

## 109

+ − × ÷

| 2÷ |    | 15× |    | 2− |
|----|----|-----|----|----|
| 1− | 6+ | 1−  |    |    |
|    |    | 2÷  | 1− |    |
| 2− |    |     | 13+|    |
| 1− |    | 4−  |    |    |

EASY — HARD

**SOLVING TIME**

## 110

+ − × ÷

| 12+ | 1  | 1− |    | 10× |
|-----|----|----|----|-----|
|     | 6× | 2− |    |     |
|     |    | 1− | 1− |     |
| 2÷  | 1− |    | 5+ |     |
|     |    | 3− |    | 3   |

EASY — HARD

**SOLVING TIME**

## 111

+ − × ÷

| 40× |  |  | 4+ |  |
|---|---|---|---|---|
| 20× |  | 1− |  | 2÷ |
|  | 12+ |  |  |  |
| 6× |  | 3 | 8× | 1− |
|  | 5 |  |  |  |

EASY — HARD

**SOLVING TIME**

## 112

+ − × ÷

| 2÷ |  | 60× |  |  |
|---|---|---|---|---|
| 20× |  |  | 6+ |  |
| 30× | 5+ | 12+ |  |  |
|  |  |  | 2 | 1− |
|  | 6+ |  |  |  |

EASY — HARD

**SOLVING TIME**

## 113

**+ − × ÷**

| 2− |     | 2−  |     | 60× |
|----|-----|-----|-----|-----|
| 4− |     | 2÷  |     |     |
| 2− | 10+ | 4−  |     |     |
|    |     | 12× | 20× |     |
| 4  |     |     |     |     |

EASY — HARD

**SOLVING TIME**

## 114

**+ − × ÷**

| 1−  |    | 1− |    | 6+ |
|-----|----|----|----|----|
| 2−  | 3+ | 2− |    |    |
|     |    | 4+ | 3− |    |
| 2÷  |    |    | 2− |    |
| 15× |    |    | 2÷ |    |

EASY — HARD

**SOLVING TIME**

## 115

+ − × ÷

| 12+ |     |     | 4+  | 2÷  |
|-----|-----|-----|-----|-----|
| 5+  | 50× |     |     |     |
|     | 6×  |     | 12+ |     |
| 24× |     |     |     | 1−  |
|     |     | 1−  |     |     |

EASY ▇▇▇▁▁ HARD

### SOLVING TIME

---

## 116

+ − × ÷

| 3   | 160× |     |     | 4−  |
|-----|------|-----|-----|-----|
| 10+ |      |     | 11+ |     |
| 4−  |      |     |     |     |
|     |      | 2÷  | 7+  |     |
| 1−  |      |     | 1−  |     |

EASY ▇▇▇▁▁ HARD

### SOLVING TIME

## 117

+ − × ÷

| 15× |     | 1−  | 12× | 6+ |
|     |     |     |     |    |
| 2−  |     |     |     |    |
|     |     |     |     |    |
| 2−  | 4−  |     | 9+  |    |
|     |     |     |     |    |
|     | 120× | 9+ |     |    |
|     |     |     | 2÷  |    |

EASY — HARD

**SOLVING TIME**

## 118

+ − × ÷

| 2÷ | 1− | 15× |     | 12× |
|    |    | 6+  |     |     |
| 2− | 2÷ |     | 24× |     |
|    |    | 4−  |     | 7+  |
| 12×|    |     |     |     |

EASY — HARD

**SOLVING TIME**

## 119

| 7+ | 9+ | 6+ | 8+ | |
|---|---|---|---|---|
| | | | | |
| 6+ | | 13+ | | |
| 6+ | | | | 11+ |
| 1 | 8+ | | | |

**SOLVING TIME**

## 120

| 8+ | 5+ | | 7+ | 12+ |
|---|---|---|---|---|
| | | 10+ | | |
| 3+ | | | 5+ | |
| 8+ | 9+ | | | 3+ |
| | | 5+ | | |

**SOLVING TIME**

## 121

+ −

| 7+ |  | 1 | 1− |  |
|---|---|---|---|---|
| 9+ |  | 4− |  | 9+ |
|  |  | 14+ |  |  |
| 1− | 5+ |  | 3 | 1− |
|  |  |  |  |  |

EASY — HARD

### SOLVING TIME

## 122

+ −

| 11+ |  |  | 4+ |  |
|---|---|---|---|---|
| 1− |  | 11+ |  | 6+ |
| 1− | 2− |  |  |  |
|  | 8+ | 12+ |  | 6+ |
|  |  | 3 |  |  |

EASY — HARD

### SOLVING TIME

## 123

$+ - \times \div$

|   |   |   |   |   |
|---|---|---|---|---|
| 40× |  | 2÷ | 2− |  |
| 4 |  |  | 13+ |  |
| 10+ |  |  |  |  |
| 2− | 2− |  | 40× | 2÷ |
|  |  |  |  |  |

EASY — HARD

### SOLVING TIME

## 124

$+ - \times \div$

|   |   |   |   |   |
|---|---|---|---|---|
| 1− |  | 10+ | 15× |  |
| 3− |  |  |  | 2− |
|  | 6+ |  | 2÷ |  |
| 1 | 12× | 2− |  | 11+ |
|  |  |  |  |  |

EASY — HARD

### SOLVING TIME

## 125

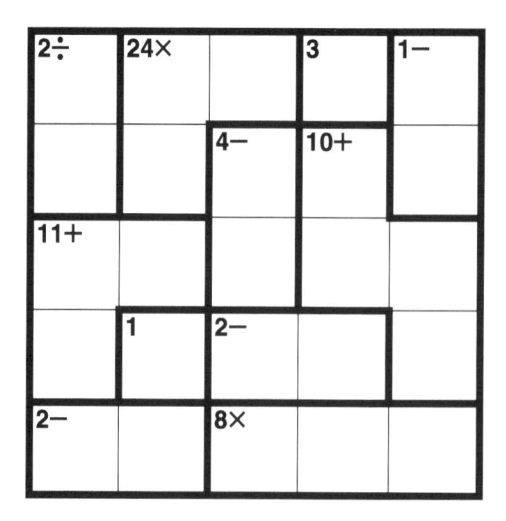

+ − × ÷

| 15× | 1− | 1− | 5 | 2÷ |
|---|---|---|---|---|
|  |  |  | 2÷ |  |
|  | 1 | 8+ |  | 1− |
| 2÷ | 6× |  |  |  |
|  |  |  | 2− |  |

EASY — HARD

**SOLVING TIME**

## 126

+ − × ÷

| 2÷ | 24× |  | 3 | 1− |
|---|---|---|---|---|
|  |  | 4− | 10+ |  |
| 11+ |  |  |  |  |
|  | 1 | 2− |  |  |
| 2− |  | 8× |  |  |

EASY — HARD

**SOLVING TIME**

## 127

+ − × ÷

| 6× | | 40× | | |
|---|---|---|---|---|
| | 12+ | | | 4+ |
| 11+ | | 4− | | |
| | 12× | 1− | 2− | 2÷ |
| 1 | | | | |

EASY — HARD

### SOLVING TIME

## 128

+ − × ÷

| 12+ | 6× | | 3 | 10+ |
|---|---|---|---|---|
| | | 60× | | |
| | | | 1− | 2÷ |
| 60× | | | | |
| | | 30× | | |

EASY — HARD

### SOLVING TIME

## 129

+ − × ÷

| 2− | 2− | 1− |    | 1− |
|    |    | 24× |    |    |
| 2÷ |    |    | 6+ |    |
| 11+ | 2 | 10+ |    | 12× |
|    |    |    |    |    |

**SOLVING TIME**

## 130

+ − × ÷

| 4− | 6+ | 60× |    |    |
|    |    | 2−  | 2÷ | 2÷ |
| 12+ |   |     |    |    |
|    |   | 1−  |    | 1− |
| 2÷ |   | 2−  |    |    |

**SOLVING TIME**

## 131

+ − × ÷

| 2÷ |     | 60× |    |    |
|----|-----|-----|----|----|
| 3− | 12+ |     | 1− | 3− |
|    | 6+  |     |    |    |
| 12×|     | 2÷  |    | 1− |
|    | 10+ |     |    |    |

EASY — HARD

**SOLVING TIME**

## 132

+ − × ÷

| 1− | 4−  | 30× |    | 2÷ |
|----|-----|-----|----|----|
|    |     | 9+  |    |    |
| 2  | 10+ |     |    | 1− |
|    |     | 6×  |    |    |
| 3− |     |     | 2− |    |

EASY — HARD

**SOLVING TIME**

## 133

| 10+ |    |    | 5+ |    |
|-----|----|----|----|----|
| 3+  |    | 9+ |    | 3  |
| 9+  | 5+ | 9+ |    |    |
|     |    | 8+ | 5+ |    |
| 3   |    |    | 6+ |    |

**SOLVING TIME**

## 134

| 12+ |     | 9+ | 6+  |    |
|-----|-----|----|-----|----|
| 7+  |     |    |     | 5+ |
|     | 10+ |    |     |    |
| 5+  |     | 9+ | 12+ |    |
|     |     |    |     |    |

**SOLVING TIME**

## 135

+ −

| 12+ |     | 1−  | 9+  |     |
|     | 3−  |     |     | 5   |
| 1−  |     | 8+  | 3−  |     |
|     | 10+ |     |     | 2−  |
|     |     | 1−  |     |     |

EASY — HARD

**SOLVING TIME**

## 136

+ −

| 7+  | 13+ |     | 5+  |     |
|     |     |     | 3   | 2−  |
| 8+  | 7+  | 1−  |     |     |
|     |     | 11+ | 9+  |     |
| 1−  |     |     |     |     |

EASY — HARD

**SOLVING TIME**

## 137

+ − × ÷

| 2÷ | 2− | 2− | 1− | |
|---|---|---|---|---|
| | | | 6+ | |
| 15× | 2÷ | | 10+ | |
| | 3− | | | 2 |
| | | 10+ | | |

**SOLVING TIME**

## 138

+ − × ÷

| 30× | | 1− | 2÷ | 3 |
|---|---|---|---|---|
| | | | 8+ | |
| 1− | 2÷ | 2− | | |
| | | | 2− | 9+ |
| 9+ | | | | |

**SOLVING TIME**

## 139

+ − × ÷

| 2− | | 2÷ | 40× | |
|---|---|---|---|---|
| 10+ | | | | 1− |
| | 2− | 6+ | | |
| 1− | | 11+ | | 2÷ |
| | 3− | | | |

EASY ▬▬▬▬▬ HARD

**SOLVING TIME**

## 140

+ − × ÷

| 60× | 3− | | 2− | |
|---|---|---|---|---|
| | | 12+ | 1− | 3− |
| | | | | |
| 4− | | 1− | 1− | |
| 2÷ | | | 20× | |

EASY ▬▬▬▬▬ HARD

**SOLVING TIME**

## 141

+ − × ÷

| 15× | 2÷ |  | 2− |  |
|---|---|---|---|---|
|  |  | 2− |  | 2÷ |
| 5+ |  | 15× |  |  |
| 3− |  | 2− |  | 1− |
| 1− |  | 1− |  |  |

EASY ▬▬▬▬▬ HARD

**SOLVING TIME**

## 142

+ − × ÷

| 1− |  | 4− |  | 60× |
|---|---|---|---|---|
| 9+ |  | 2÷ |  |  |
|  | 10+ |  |  |  |
| 6+ | 40× | 36× |  | 1− |
|  |  |  |  |  |

EASY ▬▬▬▬▬ HARD

**SOLVING TIME**

## 143

+ − × ÷

| 20× |     |     | 2÷  | 2−  |
|-----|-----|-----|-----|-----|
| 8+  | 12+ |     |     |     |
|     |     |     |     | 1−  |
| 1−  | 8+  |     |     |     |
|     | 2−  |     | 2÷  |     |

EASY ▬▬▬▬▬ HARD

### SOLVING TIME

## 144

+ − × ÷

| 1−  | 2÷  | 2−  |     | 15× |
|-----|-----|-----|-----|-----|
|     |     | 7+  |     |     |
| 1−  | 4−  |     |     |     |
|     | 2−  |     | 2÷  |     |
| 4+  |     | 11+ |     |     |

EASY ▬▬▬▬▬ HARD

### SOLVING TIME

## 145

+ − × ÷

| 4− | | 60× | 9+ | |
|---|---|---|---|---|
| 2÷ | | | | |
| 3− | | | 2− | |
| 7+ | 30× | | 2÷ | |
| | | | 1− | |

EASY — HARD

**SOLVING TIME**

## 146

+ − × ÷

| 3− | | 1− | 2− | |
|---|---|---|---|---|
| 36× | | | 2÷ | |
| 10+ | | | 12+ | |
| | 2÷ | 1− | 11+ | |
| | | | | |

EASY — HARD

**SOLVING TIME**

## 147

| 5+ | 3+ |    | 11+ |    | 4   |
|----|----|----|-----|----|-----|
|    | 4+ |    | 9+  | 9+ | 13+ |
| 11+|    |    |     |    |     |
| 3+ |    | 8+ |     | 6+ |     |
| 15+|    | 9+ |     |    | 4+  |
|    | 9+ |    | 3+  |    |     |

EASY — HARD

**SOLVING TIME**

## 148

| 9+ | 3+  | 6+ | 9+  |     |     |
|----|-----|----|-----|-----|-----|
|    |     |    | 8+  | 5+  | 11+ |
| 2  | 13+ |    |     |     |     |
| 6+ |     | 3+ |     | 10+ |     |
|    | 9+  |    | 8+  | 7+  | 4+  |
| 13+|     |    |     |     |     |

EASY — HARD

**SOLVING TIME**

## 149

+ −

| 2− | 4− | 3+ | 11+ | 9+ |    |
|    |    |    |     |    | 3  |
| 4+ | 1− |    | 5+  |    | 11+|
|    | 6+ |    | 3+  | 5− |    |
| 8+ |    | 3− |     |    | 5+ |
| 4− |    |    | 9+  |    |    |

EASY — HARD

**SOLVING TIME**

## 150

+ −

| 6+ |    |    | 11+|    | 10+|
| 9+ | 1  | 5+ |    | 9+ |    |
|    | 16+|    | 6+ |    |    |
| 5− | 6+ |    |    | 9+ |    |
|    |    | 7+ | 4− |    | 9+ |
| 9+ |    |    |    |    |    |

EASY — HARD

**SOLVING TIME**

## 151

+ − × ÷

| 2 | 5+ |    | 8+ | 30× |    |
|---|----|----|----|-----|----|
| 9+|    |    |    | 2   | 3÷ |
|   | 3  |11+ |    | 48× |    |
| 5−|    | 3− |    |     |    |
| 2÷|    | 2÷ |    | 15× |    |
|11+|    | 2  | 3− |     |    |

EASY ▬▬▬ HARD

### SOLVING TIME

## 152

+ − × ÷

| 2÷ |    | 5− | 2− | 17+|    |
| 3− |    |    |    | 2÷ |    |
| 3− |    |18× |    |    |    |
|32× |    |    | 5  | 2÷ | 3÷ |
| 3  |    | 3− | 3÷ |    |    |
|11+ |    |    |    | 3− |    |

EASY ▬▬▬ HARD

### SOLVING TIME

## 153

+ − × ÷

| 72× |    |    | 3+  | 2÷ | 2−  |
|-----|----|----|-----|----|-----|
| 9+  | 5− |    |     |    |     |
|     | 4− | 3÷ | 2÷  | 7+ |     |
| 3÷  |    |    |     | 5+ |     |
|     | 3− |    | 80× | 2÷ | 5−  |
| 5+  |    |    |     |    |     |

EASY — HARD

**SOLVING TIME**

## 154

+ − × ÷

| 3÷  |    | 4  | 6+  |    | 60× |
|-----|----|----|-----|----|-----|
| 5−  | 6× | 3+ | 15× |    |     |
|     |    |    |     | 3÷ | 2−  |
| 3÷  |    | 1− |     |    |     |
| 80× |    | 2÷ | 5−  |    | 12× |
|     | 5  |    |     |    |     |

EASY — HARD

**SOLVING TIME**

## 155

+ − × ÷

| 3 | 3+ |     | 120× |     |   |
|---|----|-----|------|-----|---|
| 3+ | 1− | 12× |     | 5−  |   |
|   |    | 7+  | 1−   | 7+  |   |
| 11+ |  |    | 12×  |     |   |
| 72× | 2÷ |   | 3÷   |     | 5 |
|   |    | 11+ |     | 2÷  |   |

**EASY ──── HARD**

### SOLVING TIME

## 156

+ − × ÷

| 3 | 2÷ |    | 40× | 5−  |   |
|---|----|----|-----|-----|---|
| 11+ |  | 5× |     |     | 9+ |
| 10+ |  |    | 3   |     |   |
|   | 12+ | 2 | 15+ | 4+  |   |
| 2÷ |   | 2÷ |     |     | 7+ |
|   |    |    | 5−  |     |   |

**EASY ──── HARD**

### SOLVING TIME

## 157

+ − × ÷

| 20× |     | 4+  | 3÷  |     | 3   |
|-----|-----|-----|-----|-----|-----|
| 15× | 3−  |     | 17+ | 5−  |     |
|     |     |     |     |     | 8×  |
| 3+  |     | 11+ | 11+ |     |     |
| 4−  |     |     | 16× |     | 6+  |
| 2÷  |     | 2   |     |     |     |

EASY ▭▭▭▭▭ HARD

**SOLVING TIME**

## 158

+ − × ÷

| 3   | 3÷  |     | 20× |     |     |
|-----|-----|-----|-----|-----|-----|
| 11+ | 6   | 3+  |     | 48× |     |
|     | 4−  | 2÷  | 45× |     |     |
| 2÷  |     |     |     | 7+  | 3÷  |
|     | 15× |     | 5−  |     |     |
| 8+  |     |     |     | 3−  |     |

EASY ▭▭▭▭▭ HARD

**SOLVING TIME**

## 159

+ − × ÷

|  |  |  |  |  |  |
|---|---|---|---|---|---|
| 3− | 12× |  |  | 3+ | 9+ |
|  | 10× |  | 11+ |  |  |
| 2÷ |  | 6 |  | 3÷ |  |
| 3+ | 5− |  | 80× |  | 2÷ |
|  | 9+ | 1− | 5+ |  |  |
|  |  |  |  | 3÷ |  |

EASY ▬▬▬□□□ HARD

### SOLVING TIME

## 160

+ − × ÷

|  |  |  |  |  |  |
|---|---|---|---|---|---|
| 1 | 3÷ |  | 1− |  | 100× |
| 3÷ | 15× | 3+ |  |  |  |
|  |  | 10+ |  | 3÷ |  |
| 30× |  |  | 10+ | 5− |  |
| 7+ |  |  |  | 6 | 12× |
| 3− |  | 11+ |  |  |  |

EASY ▬▬□□□□ HARD

### SOLVING TIME

## 161

| 7+ | 5+ |    | 11+ |     | 3+  |
|    | 9+ |    | 6+  | 7+  |     |
| 12+|    |    |     |     | 11+ |
| 3+ |    | 11+| 5+  | 10+ |     |
|    | 13+|    |     |     |     |
|    |    | 8+ |     | 5+  |     |

**SOLVING TIME**

## 162

| 13+|    | 3+ |     | 8+ |    |
|    | 5+ | 7+ |     | 5  | 8+ |
| 9+ |    | 5+ | 6+  |    |    |
|    |    |    | 11+ |    | 5+ |
| 8+ | 7+ |    | 7+  |    |    |
|    | 9+ |    | 10+ |    |    |

**SOLVING TIME**

## 163

**+ −**

| 3+ | | 8+ | | 2− | |
|---|---|---|---|---|---|
| 9+ | | 1− | 5− | | 5+ |
| 4− | 3− | | 9+ | 9+ | |
| | | 13+ | | | 6+ |
| 3 | | | 3− | | |
| 2− | | 5− | | 2− | |

EASY ▬▬ HARD

### SOLVING TIME

## 164

**+ −**

| 3− | | 11+ | | 7+ | 9+ |
|---|---|---|---|---|---|
| 2 | 11+ | | | | |
| 13+ | | | 2− | | 9+ |
| | | 3+ | | 13+ | |
| 5− | | 7+ | | | |
| 14+ | | | 2− | | 1 |

EASY ▬▬ HARD

### SOLVING TIME

## 165

+ − × ÷

| 54× |     | 1−  |     | 3÷  |     |
|-----|-----|-----|-----|-----|-----|
| 4   |     |     | 5−  | 3−  |     |
| 5−  | 1−  |     |     | 12× | 4−  |
|     | 11+ | 11+ |     |     |     |
| 10× |     |     | 5+  | 5−  | 7+  |
|     | 3−  |     |     |     |     |

EASY ▮▮▯▯ HARD

### SOLVING TIME

## 166

+ − × ÷

| 11+ | 3+  |     | 3   | 1−  | 2÷  |
|-----|-----|-----|-----|-----|-----|
|     | 18× | 20× |     |     |     |
|     |     |     | 1−  |     | 1   |
| 12× |     | 16× | 5−  |     | 14+ |
| 4−  | 1−  |     |     | 5+  |     |
|     |     | 5−  |     |     |     |

EASY ▮▮▯▯ HARD

### SOLVING TIME

## 167

+ − × ÷

| 1− | 3÷ |     | 2÷  |     | 10+ |
|    | 15× |    | 3+  |     |     |
| 1− |    | 14+ |     | 2÷  | 4−  |
| 2− | 11+ |    |     |     |     |
|    |    | 5−  | 10+ | 3÷  |     |
| 12× |   |     |     | 3−  |     |

**SOLVING TIME**

## 168

+ − × ÷

| 2− |    | 3÷  | 15× |     |    |
| 1− |    |     | 10+ |     |    |
| 5− |    | 11+ | 14+ | 1−  |    |
| 10+ |   |     |     | 5−  |    |
|    |    | 6+  |     | 96× | 2  |
| 15× |   |     |     |     |    |

**SOLVING TIME**

## 169

| 4− | 6× |     | 11+ |     | 2÷  |
|    | 5− | 16× | 2÷  |     |     |
| 9+ |    |     |     | 3+  | 11+ |
|    |    | 180×| 8+  |     |     |
| 2− |    |     |     | 1−  |     |
|    | 5  |     |     | 3÷  |     |

EASY — HARD

**SOLVING TIME**

## 170

| 9+  | 40× |     |     | 54× |     |
|     | 3+  | 5+  | 1−  |     |     |
|     |     |     | 10+ | 11+ | 5   |
| 15+ |     | 3÷  |     |     | 2÷  |
|     |     |     |     | 4+  |     |
| 11+ |     | 12× |     |     |     |

EASY — HARD

**SOLVING TIME**

## 171

**+ − × ÷**

| 1− | | 24× | 2− | 11+ | 2÷ |
|---|---|---|---|---|---|
| 5− | | | | | |
| 3− | 4 | 3÷ | | | 11+ |
| | 2÷ | 48× | 2− | | |
| 3÷ | | | | 15× | |
| | 3− | | | 5+ | |

EASY — HARD

### SOLVING TIME

## 172

**+ − × ÷**

| 5+ | | 30× | | | 3− |
|---|---|---|---|---|---|
| 2÷ | | 5− | 3− | 2÷ | |
| 4− | | | | | 40× |
| 54× | | 11+ | 5− | | |
| 1− | | | | 16× | 6+ |
| | | | | | |

EASY — HARD

### SOLVING TIME

## 173

+ − × ÷

| 1− | | 2÷ | | 2÷ | |
|---|---|---|---|---|---|
| 6× | 10× | 8+ | 24× | | 2 |
| | | | 1 | 60× | 2− |
| 5− | | 3− | | | |
| | 6 | | 10× | | 15× |
| 24× | | | 5− | | |

EASY ▬▬ HARD

### SOLVING TIME

## 174

+ − × ÷

| 4 | 11+ | | 20× | 1− | 3+ |
|---|---|---|---|---|---|
| 12× | 3− | 2÷ | | | |
| | | | | 3÷ | |
| | 1− | 3+ | 1− | | 120× |
| 15× | | | 3÷ | | |
| | | 4 | 6× | | |

EASY ▬▬ HARD

### SOLVING TIME

## 175

| 15+ | 3+ |    | 13+ |     |    |
|     |    | 6+ |     | 12+ | 3+ |
| 8+  |    | 8+ |     |     |    |
| 7+  |    |    | 9+  | 12+ |    |
| 9+  | 2  |    |     | 12+ |    |
|     |    | 7+ |     |     |    |

EASY — HARD

**SOLVING TIME**

## 176

| 5+  |     | 5+  |     | 11+ |     |
| 7+  | 11+ | 6+  |     |     | 8+  |
|     |     |     | 15+ | 8+  |     |
| 8+  |     |     |     |     |     |
| 10+ |     | 14+ |     | 1   | 11+ |
| 6+  |     |     |     |     |     |

EASY — HARD

**SOLVING TIME**

## 177

+ −

| 4+ | 1− | 7+ |    | 3− | 6  |
|    |    | 3− |    |    | 1− |
| 9+ | 9+ |    | 7+ | 5− |    |
|    |    | 5+ |    |    | 3− |
| 3+ |    |    | 3− |    |    |
| 4− |    | 8+ |    | 3− |    |

EASY ▬▬▬▬ HARD

### SOLVING TIME

## 178

+ −

| 1− | 6+ |    |     | 10+ | 8+  |
|    | 10+|    | 15+ |     |     |
| 1− |    |    |     | 9+  |     |
| 3+ | 6+ |    |     |     | 13+ |
|    | 1  | 3− |     |     |     |
| 5  | 2− |    | 3+  |     |     |

EASY ▬▬▬▬ HARD

### SOLVING TIME

## 179

+ − × ÷

| 3− | 5− |    | 2   | 1−  |    |
|    | 2− |    | 30× | 3÷  |    |
| 48×|    | 3  |    | 15+ | 3− |
|    | 3÷ |    |    |    |    |
| 12×| 40×|    |    |    | 12×|
|    |    | 2− |    |    |    |

EASY — HARD

**SOLVING TIME**

## 180

+ − × ÷

| 1− | 24× |    | 3÷ | 4− |    |
|    | 11+ |    |    | 3÷ |    |
| 4  |     | 12+| 1− |    | 2− |
| 5− |     |    | 1− |    |    |
| 4− |     |    |    | 2− |    |
| 3− |     | 10×|    |    | 4  |

EASY — HARD

**SOLVING TIME**

## 181

+ − × ÷

|  |  |  |  |  |  |
|---|---|---|---|---|---|
| 6× | | 15+ | 12× | 6+ | 2 |
| 2− | | | | | 10+ |
| 2÷ | 2÷ | | | | |
| | | 1− | 1− | | |
| 3− | | | 13+ | 4 | 2÷ |
| 1 | 1− | | | | |

**SOLVING TIME**

## 182

+ − × ÷

|  |  |  |  |  |  |
|---|---|---|---|---|---|
| 4− | 12× | 15+ | 2− | 3− | |
| | | | | 9+ | |
| 10+ | | | 96× | | |
| 3÷ | | 2÷ | | | |
| | 40× | | | | 15× |
| 2− | | 1 | 5+ | | |

**SOLVING TIME**

## 183

+ − × ÷

EASY ▮▮▮▯▯ HARD

### SOLVING TIME

## 184

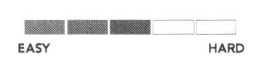

+ − × ÷

EASY ▮▮▮▯▯ HARD

### SOLVING TIME

## 185

+ − × ÷

| 3− | 1− |     | 12× |    |    |
|----|----|-----|-----|----|----|
|    | 6+ | 14+ |     | 4− | 3− |
| 1− |    |     |     |    |    |
|    |    | 9+  |     | 2÷ |    |
| 2÷ | 13+|     | 15× | 96×|    |
|    |    |     |     |    |    |

**SOLVING TIME**

## 186

+ − × ÷

| 18+ |     | 12× | 2÷  |     | 11+ |
|-----|-----|-----|-----|-----|-----|
|     |     |     | 5+  |     |     |
| 2−  | 5−  |     | 30× |     |     |
|     |     | 300×| 1   |     | 10+ |
| 6×  |     |     | 10× |     |     |
|     |     |     |     | 2−  |     |

**SOLVING TIME**

## 187

+ − × ÷

|     |     |     |     |     |     |
|-----|-----|-----|-----|-----|-----|
| 1−  |     | 6×  |     | 3÷  | 11+ |
| 2÷  |     | 2÷  |     |     |     |
| 9+  |     |     | 8+  |     |     |
| 11+ |     | 1−  |     | 2÷  | 1−  |
| 3÷  | 24× |     |     | 5−  |     |
|     |     |     | 120×|     |     |

EASY — HARD

**SOLVING TIME**

## 188

+ − × ÷

|     |     |     |     |     |     |
|-----|-----|-----|-----|-----|-----|
| 3−  |     | 3+  |     | 20× |     |
| 3−  | 14+ | 3−  |     | 2÷  |     |
|     |     |     |     | 15+ |     |
| 6   | 9+  | 10+ | 3+  |     |     |
|     |     |     | 14+ |     | 36× |
| 2÷  |     |     |     |     |     |

EASY — HARD

**SOLVING TIME**

## 189 +

| 12+ | 3+  |     | 13+ |     |     |
|-----|-----|-----|-----|-----|-----|
|     | 15+ |     |     | 5+  |     |
|     | 10+ |     | 5+  | 8+  |     |
| 6+  | 7+  |     |     |     | 11+ |
|     |     | 14+ |     |     |     |
| 11+ |     |     | 6+  |     |     |

**SOLVING TIME**

## 190 + −

| 4−  |     | 13+ |     |     | 6+  |
|-----|-----|-----|-----|-----|-----|
| 3−  | 10+ | 6+  |     |     |     |
|     |     |     | 10+ | 1−  |     |
| 1−  |     | 1−  |     | 3−  |     |
| 7+  |     |     | 6+  | 3−  |     |
| 2−  |     | 2   |     | 4+  |     |

**SOLVING TIME**

## 191

| 40× |     |     | 2÷  |     | 11+ |
|-----|-----|-----|-----|-----|-----|
| 14+ | 7+  | 6   |     |     |     |
|     |     |     | 20× | 6+  | 60× |
|     | 3−  |     |     |     |     |
| 3−  |     | 2−  | 3÷  |     |     |
| 6×  |     |     |     | 1−  |     |

**SOLVING TIME**

## 192

| 24× |     | 3−  |     | 7+  |     |
|-----|-----|-----|-----|-----|-----|
|     | 2÷  | 3÷  | 2−  | 2−  | 30× |
| 3÷  |     |     |     |     |     |
|     | 15× | 10+ | 1−  |     |     |
| 60× |     |     | 3−  |     | 2   |
|     |     | 1−  |     | 3−  |     |

**SOLVING TIME**

## 193

+ − × ÷

| 3÷ | 3− | 11+ | 4− | 12× | 1 |
|---|---|---|---|---|---|
|  |  |  |  |  | 1− |
| 1− | 6+ |  | 1− |  |  |
|  |  | 3÷ |  | 3− |  |
| 4− | 5+ |  | 1− | 3÷ | 11+ |
|  | 6× |  |  |  |  |

**SOLVING TIME**

## 194

+ − × ÷

| 3÷ |  | 4 | 5+ | 150× |  |
|---|---|---|---|---|---|
| 8+ | 3÷ | 5− |  |  |  |
|  |  |  | 11+ | 24× |  |
| 2÷ | 2− | 10+ |  |  |  |
|  |  |  | 1− |  | 6 |
| 1− |  |  | 18× |  |  |

**SOLVING TIME**

## 195

+ − × ÷

| 3÷ |    | 16+ | 72× |     |      |
|----|----|-----|-----|-----|------|
| 1− |    |     |     | 1−  | 1−   |
| 1− |    |     | 7+  |     |      |
|    | 1− | 1−  |     | 6+  |      |
| 3÷ |    |     | 4−  |     | 600× |
|    | 2÷ |     |     |     |      |

**SOLVING TIME**

## 196

+ − × ÷

| 120× | 5− | 9+  | 40× |    |    |
|------|----|-----|-----|----|----|
|      |    |     |     | 9+ |    |
|      | 1− |     | 2÷  |    |    |
| 7+   |    |     | 90× |    | 4− |
| 6×   | 1− |     |     |    |    |
|      | 3  | 24× |     | 4− |    |

**SOLVING TIME**

## 197

+ − × ÷

| 1296× | | | 3÷ | 2÷ | 1− |
|---|---|---|---|---|---|
| | 4− | | | | |
| | | 15+ | | 6+ | |
| 2− | | | 60× | 1− | |
| 80× | | | | 108× | |
| | | | 1 | | |

EASY — HARD

### SOLVING TIME

## 198

+ − × ÷

| 1− | 2− | | 2÷ | | 5− |
|---|---|---|---|---|---|
| | 20× | 15+ | | | |
| | | | 24× | 1− | |
| 2÷ | 1− | 1− | | | 5 |
| | | | 3 | 1− | 1− |
| 2− | | 1− | | | |

EASY — HARD

### SOLVING TIME

## 199

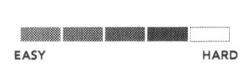

+ − × ÷

| 24× |     | 30× | 2−  | 3−  | 3÷   |
|-----|-----|-----|-----|-----|------|
| 12+ |     |     |     |     |      |
|     | 40× |     | 15+ | 3−  |      |
|     |     | 3   |     |     | 240× |
| 2÷  | 4−  | 2÷  | 2÷  |     |      |
|     |     |     |     |     |      |

EASY ▬▬▬▬▬▬▬▬ HARD

### SOLVING TIME

## 200

+ − × ÷

| 120× |     |     | 14+ |     | 4−  |
|------|-----|-----|-----|-----|-----|
| 5+   |     |     | 5−  |     |     |
|      | 3÷  | 10× |     |     | 2÷  |
| 36×  |     | 20+ |     | 5   |     |
|      | 11+ | 2÷  |     | 9+  |     |
|      |     |     |     |     |     |

EASY ▬▬▬▬▬▬▬▬ HARD

### SOLVING TIME

# SOLUTIONS

### 1

| 7+ 4 | 3 | 3+ 2 | 1 |
|---|---|---|---|
| 4+ 1 | 7+ 4 | 3 | 6+ 2 |
| 3 | 3+ 2 | 1 | 4 |
| 3+ 2 | 1 | 7+ 4 | 3 |

### 2

| 5+ 4 | 1 | 5+ 3 | 3+ 2 |
|---|---|---|---|
| 7+ 3 | 4 | 2 | 1 |
| 3+ 1 | 2 | 4 4 | 7+ 3 |
| 2 2 | 4+ 3 | 1 | 4 |

### 3

| 2− 1 | 7+ 3 | 2 2 | 2− 4 |
|---|---|---|---|
| 3 | 4 | 3− 1 | 2 |
| 3+ 2 | 1 | 4 | 2− 3 |
| 4 4 | 5+ 2 | 3 | 1 |

### 4

| 3− 1 | 4 | 5+ 2 | 3 |
|---|---|---|---|
| 4 4 | 5+ 2 | 3 | 3− 1 |
| 5+ 2 | 2− 3 | 1 | 4 |
| 3 | 3− 1 | 4 | 2 2 |

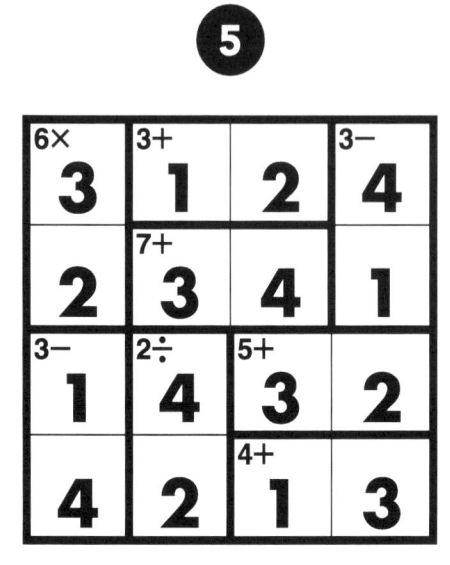

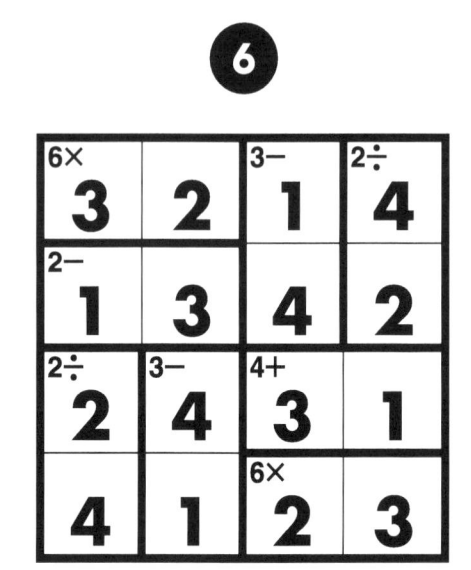

## 5

| 6× 3 | 3+ 1 | 2 | 3− 4 |
|---|---|---|---|
| 2 | 7+ 3 | 4 | 1 |
| 3− 1 | 2÷ 4 | 5+ 3 | 2 |
| 4 | 2 | 4+ 1 | 3 |

## 6

| 6× 3 | 2 | 3− 1 | 2÷ 4 |
|---|---|---|---|
| 2− 1 | 3 | 4 | 2 |
| 2÷ 2 | 3− 4 | 4+ 3 | 1 |
| 4 | 1 | 6× 2 | 3 |

## 7

| 2− 1 | 3 3 | 2÷ 2 | 4 |
|---|---|---|---|
| 3 | 3− 4 | 2÷ 1 | 2 |
| 2÷ 2 | 1 | 4 4 | 4+ 3 |
| 4 | 6× 2 | 3 | 1 |

## 8

| 3+ 2 | 4 4 | 2− 3 | 1 |
|---|---|---|---|
| 1 | 2÷ 2 | 4 | 3 3 |
| 12× 4 | 3 | 2÷ 1 | 2 |
| 4+ 3 | 1 | 2÷ 2 | 4 |

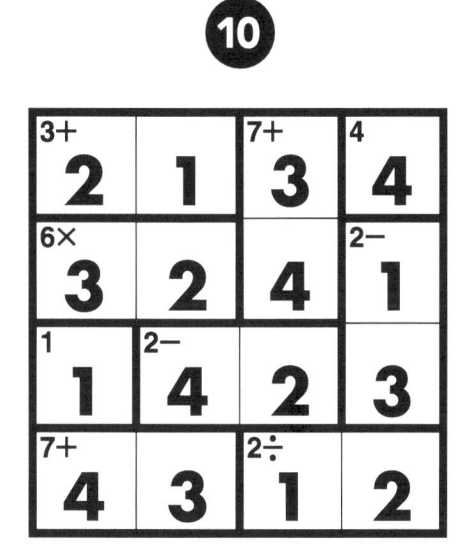

## 9

| 2÷ **2** | **4** | 2÷ **1** | 12× **3** |
|---|---|---|---|
| 4+ **1** | **3** | **2** | **4** |
| 3− **4** | **1** | 3 **3** | 3+ **2** |
| 3 **3** | 2÷ **2** | **4** | **1** |

## 10

| 3+ **2** | **1** | 7+ **3** | 4 **4** |
|---|---|---|---|
| 6× **3** | **2** | **4** | 2− **1** |
| 1 **1** | 2− **4** | **2** | **3** |
| 7+ **4** | **3** | 2÷ **1** | **2** |

## 11

| 3 **3** | 2÷ **1** | **2** | 3− **4** |
|---|---|---|---|
| 6× **2** | **3** | 7+ **4** | **1** |
| 3− **1** | 2÷ **4** | **3** | 2 **2** |
| **4** | **2** | 4+ **1** | **3** |

## 12

| 3− **1** | 7+ **3** | **4** | 6× **2** |
|---|---|---|---|
| **4** | 3− **1** | 6× **2** | **3** |
| 5+ **2** | **4** | **3** | 5+ **1** |
| **3** | 2÷ **2** | **1** | **4** |

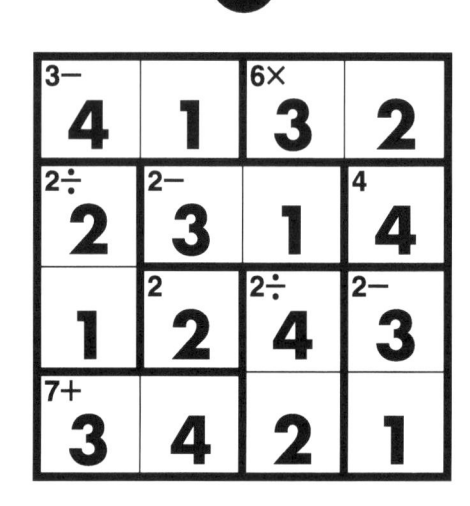

## 13

| 2÷ **4** | **2** | 6× **3** | 3− **1** |
|---|---|---|---|
| 4+ **3** | 1 **1** | **2** | **4** |
| **1** | 12× **3** | 3− **4** | 1− **2** |
| 2 **2** | **4** | **1** | **3** |

## 14

| 3− **4** | **1** | 6× **3** | **2** |
|---|---|---|---|
| 2÷ **2** | 2− **3** | **1** | 4 **4** |
| **1** | 2 **2** | 2÷ **4** | 2− **3** |
| 7+ **3** | **4** | **2** | **1** |

## 15

| 2÷ **2** | **4** | 3 **3** | 3+ **1** |
|---|---|---|---|
| 3− **1** | 12× **3** | **4** | **2** |
| **4** | 2÷ **2** | 2− **1** | **3** |
| 3 **3** | **1** | 2÷ **2** | **4** |

## 16

| 3+ **2** | **1** | 12× **3** | **4** |
|---|---|---|---|
| 3− **1** | 2÷ **2** | **4** | 3 **3** |
| **4** | 6× **3** | **2** | 2÷ **1** |
| 3 **3** | 3− **4** | **1** | **2** |

## 17

| 4+ 3 | 1 | 6+ 4 | 2 |
|---|---|---|---|
| 5+ 1 | 8+ 4 | 2 | 3 3 |
| 4 | 2 | 8+ 3 | 1 |
| 2 2 | 4+ 3 | 1 | 4 |

## 18

| 4 4 | 3+ 1 | 2 | 8+ 3 |
|---|---|---|---|
| 3+ 1 | 8+ 2 | 3 | 4 |
| 2 | 3 | 12+ 4 | 1 |
| 3 | 4 | 1 | 2 2 |

## 19

| 7+ 3 | 4 | 2− 1 | 2− 2 |
|---|---|---|---|
| 7+ 1 | 2 2 | 3 | 4 |
| 2 | 3− 1 | 4 | 2− 3 |
| 4 | 5+ 3 | 2 | 1 |

## 20

| 7+ 4 | 1− 2 | 3 | 1− 1 |
|---|---|---|---|
| 3 | 3− 4 | 1 | 2 |
| 6+ 2 | 1 1 | 7+ 4 | 3 |
| 1 | 3 | 2− 2 | 4 |

## 21

| 1−  | 6×  |     | 3−  |
|-----|-----|-----|-----|
| 4   | 2   | 3   | 1   |
|     | 3−  | 2   |     |
| 3   | 1   | 2   | 4   |
| 2÷  |     | 8+  | 6×  |
| 2   | 4   | 1   | 3   |
|     |     |     |     |
| 1   | 3   | 4   | 2   |

## 22

| 6×  | 2÷  | 3−  |     |
|-----|-----|-----|-----|
| 3   | 2   | 4   | 1   |
|     |     | 4+  | 1−  |
| 2   | 4   | 1   | 3   |
| 3−  | 2−  |     |     |
| 4   | 1   | 3   | 2   |
|     |     | 2÷  |     |
| 1   | 3   | 2   | 4   |

## 23

| 3−  | 3+  |     | 1−  |
|-----|-----|-----|-----|
| 4   | 1   | 2   | 3   |
|     | 6×  |     |     |
| 1   | 2   | 3   | 4   |
| 6×  |     | 5+  | 2÷  |
| 2   | 3   | 4   | 1   |
| 1−  |     |     |     |
| 3   | 4   | 1   | 2   |

## 24

| 2   | 12× |     |     |
|-----|-----|-----|-----|
| 2   | 3   | 1   | 4   |
| 7+  | 4   | 1−  | 2÷  |
| 3   | 4   | 2   | 1   |
|     | 4+  |     |     |
| 4   | 1   | 3   | 2   |
|     |     | 1−  |     |
| 1   | 2   | 4   | 3   |

## 25

| 7+ 4 | 1 | 6× 3 | 2 |
|---|---|---|---|
| 2 | 6+ 3 | 1 | 16× 4 |
| 2− 3 | 2 | 4 | 1 |
| 1 | 2÷ 4 | 2 | 3 3 |

## 26

| 2− 3 | 2 2 | 3− 1 | 4 |
|---|---|---|---|
| 1 | 24× 4 | 3 | 2 |
| 5+ 2 | 3 | 2÷ 4 | 2− 1 |
| 3− 4 | 1 | 2 | 3 |

## 27

| 2− 3 | 2÷ 4 | 2 | 2÷ 1 |
|---|---|---|---|
| 1 | 1− 3 | 3− 4 | 2 |
| 7+ 4 | 2 | 1 | 36× 3 |
| 2 | 1 | 3 | 4 |

## 28

| 2− 1 | 2÷ 2 | 12× 4 | 3 |
|---|---|---|---|
| 3 | 4 | 2÷ 2 | 3− 1 |
| 1− 2 | 3 | 1 | 4 |
| 3− 4 | 1 | 5+ 3 | 2 |

## 29

| 2<br>**2** | 7+<br>**4** | 3+<br>**1** | 2−<br>**3** |
|---|---|---|---|
| 12×<br>**4** | **3** | **2** | **1** |
| **1** | 2÷<br>**2** | 1−<br>**3** | **4** |
| **3** | **1** | 2÷<br>**4** | **2** |

## 30

| 1−<br>**3** | **2** | 3−<br>**1** | **4** |
|---|---|---|---|
| 2−<br>**4** | 6×<br>**1** | **2** | **3** |
| **2** | 10+<br>**3** | **4** | 2÷<br>**1** |
| 3−<br>**1** | **4** | **3** | **2** |

## 31

| 4<br>**4** | 7+<br>**2** | 6×<br>**3** | 4+<br>**1** |
|---|---|---|---|
| 6+<br>**1** | **4** | **2** | **3** |
| **3** | **1** | 2÷<br>**4** | **2** |
| **2** | 2−<br>**3** | **1** | 4<br>**4** |

## 32

| 3<br>**3** | 3−<br>**4** | **1** | 2−<br>**2** |
|---|---|---|---|
| 2÷<br>**2** | 6×<br>**1** | **3** | **4** |
| **4** | 3<br>**3** | **2** | 2−<br>**1** |
| 7+<br>**1** | **2** | **4** | **3** |

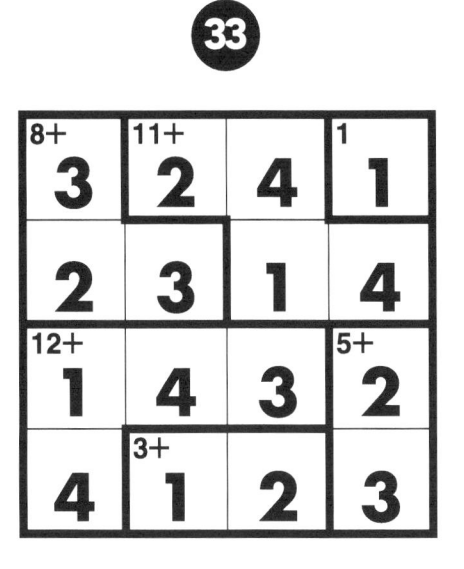

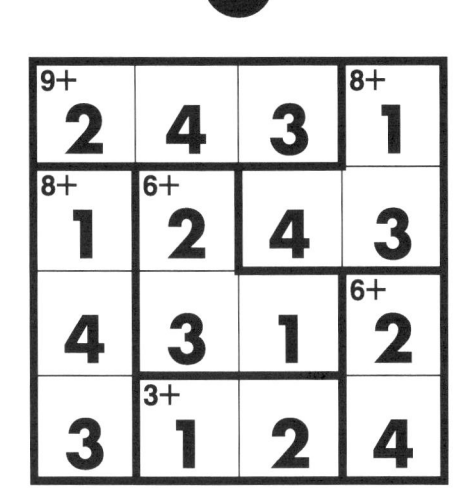

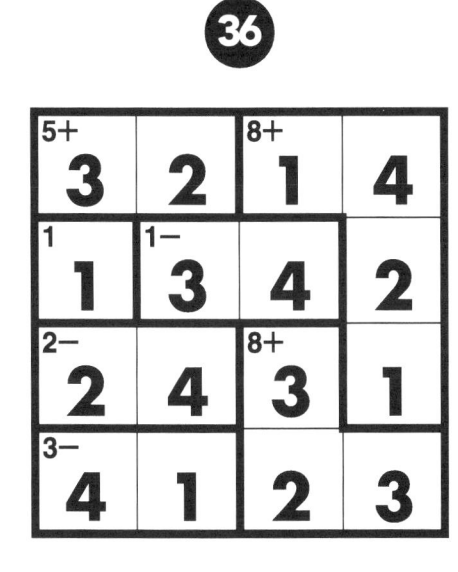

### 33

| 8+ 3 | 11+ 2 | 4 | 1 1 |
|---|---|---|---|
| 2 | 3 | 1 | 4 |
| 12+ 1 | 4 | 3 | 5+ 2 |
| 4 | 3+ 1 | 2 | 3 |

### 34

| 9+ 2 | 4 | 3 | 8+ 1 |
|---|---|---|---|
| 8+ 1 | 6+ 2 | 4 | 3 |
| 4 | 3 | 1 | 6+ 2 |
| 3 | 3+ 1 | 2 | 4 |

### 35

| 3− 1 | 1− 4 | 1− 3 | 2 |
|---|---|---|---|
| 4 | 3 | 3+ 2 | 1 |
| 1− 3 | 7+ 2 | 3− 1 | 4 |
| 2 | 1 | 4 | 3 3 |

### 36

| 5+ 3 | 2 | 8+ 1 | 4 |
|---|---|---|---|
| 1 1 | 1− 3 | 4 | 2 |
| 2− 2 | 4 | 8+ 3 | 1 |
| 3− 4 | 1 | 2 | 3 |

## 37

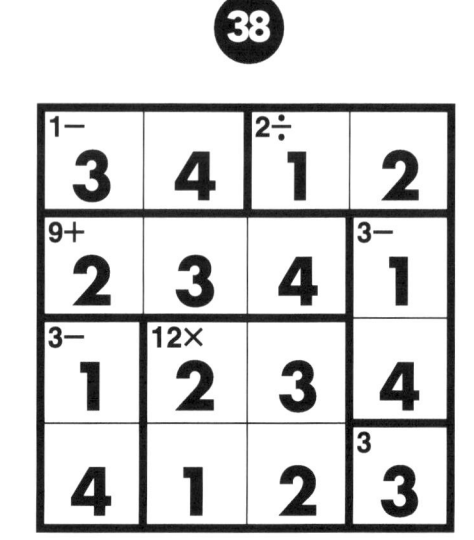

| 3−  |     | 1−  | 1−  |
|-----|-----|-----|-----|
| 4   | 1   | 3   | 2   |
| 2÷  |     |     |     |
| 1   | 2   | 4   | 3   |
| 8+  | 2÷  |     | 4×  |
| 3   | 4   | 2   | 1   |
|     |     |     |     |
| 2   | 3   | 1   | 4   |

## 38

| 1−  |     | 2÷  |     |
|-----|-----|-----|-----|
| 3   | 4   | 1   | 2   |
| 9+  |     |     | 3−  |
| 2   | 3   | 4   | 1   |
| 3−  | 12× |     |     |
| 1   | 2   | 3   | 4   |
|     |     |     | 3   |
| 4   | 1   | 2   | 3   |

## 39

| 8×  |     |     | 7+  |
|-----|-----|-----|-----|
| 4   | 2   | 1   | 3   |
| 6+  | 4   |     |     |
| 2   | 4   | 3   | 1   |
|     | 1−  |     | 2÷  |
| 1   | 3   | 2   | 4   |
|     | 3−  |     |     |
| 3   | 1   | 4   | 2   |

## 40

| 2÷  | 4+  |     | 1−  |
|-----|-----|-----|-----|
| 4   | 1   | 3   | 2   |
|     | 3−  |     |     |
| 2   | 4   | 1   | 3   |
| 9+  |     |     | 8×  |
| 3   | 2   | 4   | 1   |
| 2−  |     |     |     |
| 1   | 3   | 2   | 4   |

## 41

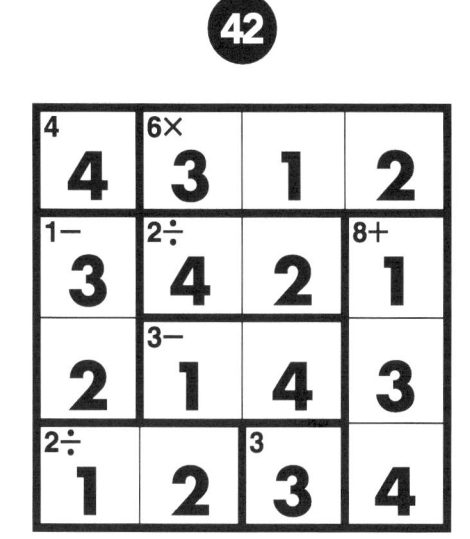

| 3−  | 24× | 6+  |     |
|-----|-----|-----|-----|
| 1   | 4   | 2   | 3   |
| 4   | 2   | 3   | 1   |
| 6+  |     | 2÷  |     |
| 3   | 1   | 4   | 2   |
|     | 2−  |     | 4   |
| 2   | 3   | 1   | 4   |

## 42

| 4   | 6×  |     |     |
|-----|-----|-----|-----|
| 4   | 3   | 1   | 2   |
| 1−  | 2÷  |     | 8+  |
| 3   | 4   | 2   | 1   |
|     | 3−  |     |     |
| 2   | 1   | 4   | 3   |
| 2÷  |     | 3   |     |
| 1   | 2   | 3   | 4   |

## 43

| 1−  |     | 1−  |     |
|-----|-----|-----|-----|
| 1   | 2   | 4   | 3   |
| 2−  |     | 6×  | 7+  |
| 3   | 1   | 2   | 4   |
| 2÷  |     |     |     |
| 2   | 4   | 3   | 1   |
| 4   | 2−  |     |     |
| 4   | 3   | 1   | 2   |

## 44

| 3   | 8×  |     |     |
|-----|-----|-----|-----|
| 3   | 2   | 4   | 1   |
| 2−  |     | 3+  | 1−  |
| 1   | 3   | 2   | 4   |
| 2÷  | 3−  |     |     |
| 2   | 4   | 1   | 3   |
|     |     | 1−  |     |
| 4   | 1   | 3   | 2   |

## 45

| 1−  3 | 6×  2 | 3−  4 | 1 |
|---|---|---|---|
| 4 | 3 | 1 | 2÷  2 |
| 2÷  2 | 1 | 8+  3 | 4 |
| 3−  1 | 4 | 2 | 3 |

## 46

| 16×  2 | 1 | 7+  3 | 5+  4 |
|---|---|---|---|
| 2−  3 | 2 | 4 | 1 |
| 1 | 4 | 1−  2 | 3 |
| 1−  4 | 3 | 2÷  1 | 2 |

## 47

| 3−  1 | 1−  2 | 2÷  4 | 3  3 |
|---|---|---|---|
| 4 | 3 | 2 | 8×  1 |
| 1−  3 | 3−  4 | 1 | 2 |
| 2 | 4+  1 | 3 | 4 |

## 48

| 12×  4 | 5+  3 | 2 | 1  1 |
|---|---|---|---|
| 1 | 1−  4 | 3 | 2−  2 |
| 3 | 3+  2 | 1 | 4 |
| 2÷  2 | 1 | 1−  4 | 3 |

## 49

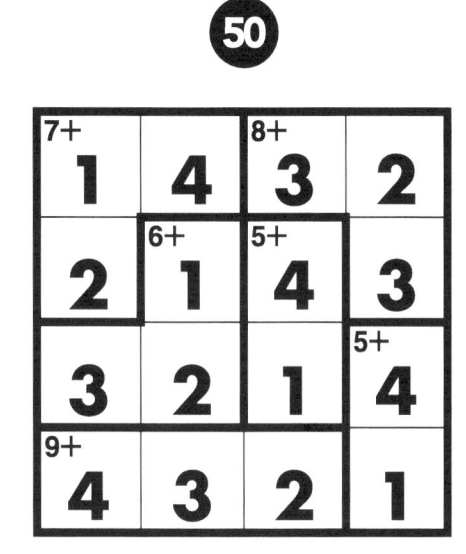

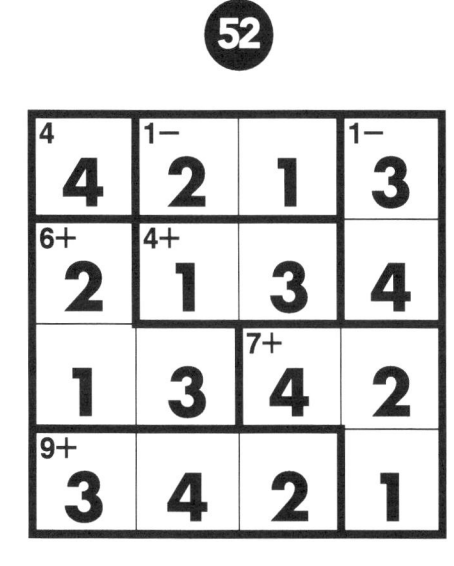

| 1¹ | 4¹⁰⁺ | 2⁸⁺ | 3 |
|---|---|---|---|
| 4 | 2 | 3 | 1⁵⁺ |
| 2⁸⁺ | 3 | 1⁸⁺ | 4 |
| 3 | 1 | 4 | 2 |

## 50

| 1⁷⁺ | 4 | 3⁸⁺ | 2 |
|---|---|---|---|
| 2 | 1⁶⁺ | 4⁵⁺ | 3 |
| 3 | 2 | 1 | 4⁵⁺ |
| 4⁹⁺ | 3 | 2 | 1 |

## 51

| 4³⁻ | 3¹⁻ | 2 | 1¹⁻ |
|---|---|---|---|
| 1 | 4³⁻ | 3³ | 2 |
| 2¹⁻ | 1 | 4⁷⁺ | 3¹⁻ |
| 3 | 2 | 1 | 4 |

## 52

| 4⁴ | 2¹⁻ | 1 | 3¹⁻ |
|---|---|---|---|
| 2⁶⁺ | 1⁴⁺ | 3 | 4 |
| 1 | 3 | 4⁷⁺ | 2 |
| 3⁹⁺ | 4 | 2 | 1 |

## 53

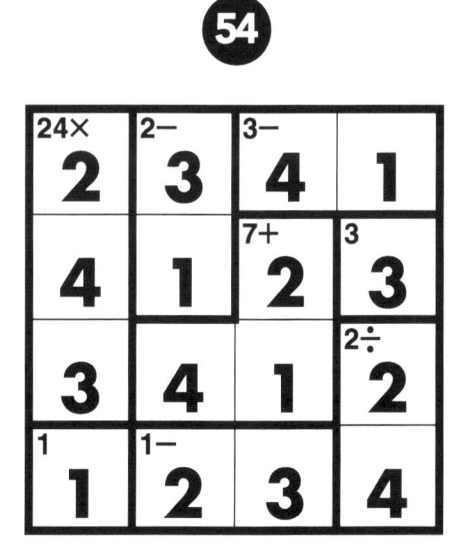

| 12× 1 | 3 | 4 | 2÷ 2 |
|---|---|---|---|
| 1− 3 | 2÷ 1 | 2 | 4 |
| 4 | 8+ 2 | 1 1 | 7+ 3 |
| 2 | 4 | 3 | 1 |

## 54

| 24× 2 | 2− 3 | 3− 4 | 1 |
|---|---|---|---|
| 4 | 1 | 7+ 2 | 3 3 |
| 3 | 4 | 1 | 2÷ 2 |
| 1 1 | 1− 2 | 3 | 4 |

## 55

| 1− 4 | 3 | 12× 2 | 3− 1 |
|---|---|---|---|
| 2− 1 | 2 | 3 | 4 |
| 3 | 7+ 4 | 2÷ 1 | 2 |
| 2 | 1 | 1− 4 | 3 |

## 56

| 16× 4 | 1 1 | 8+ 2 | 3 |
|---|---|---|---|
| 1 | 4 | 3 | 7+ 2 |
| 1− 2 | 1− 3 | 4 | 1 |
| 3 | 2÷ 2 | 1 | 4 |

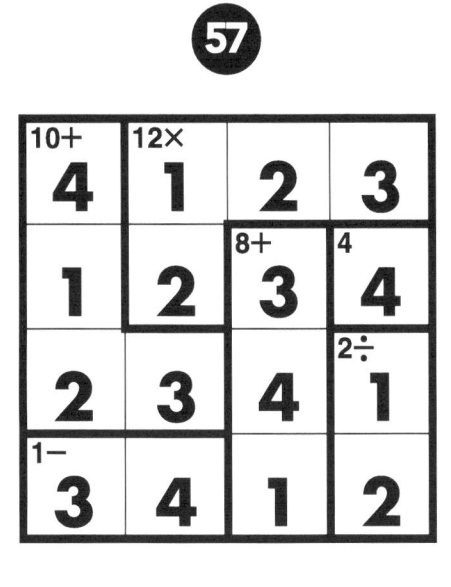

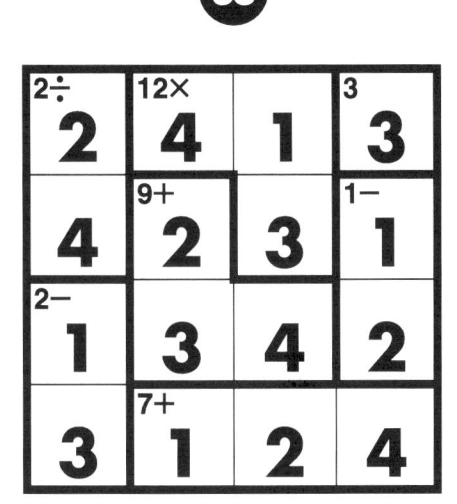

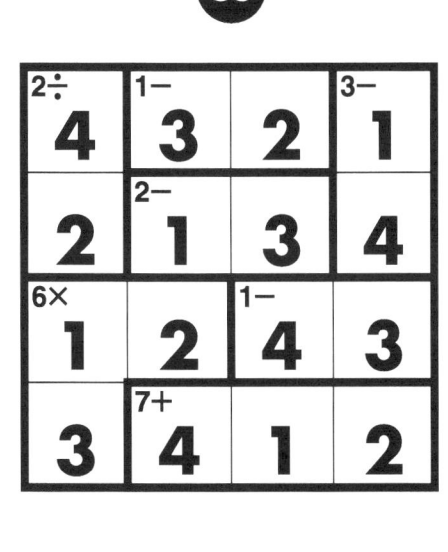

## 57

| 10+ 4 | 12× 1 | 2   | 3   |
|-------|-------|-----|-----|
| 1     | 2     | 8+ 3 | 4   |
| 2     | 3     | 4   | 2÷ 1 |
| 1− 3  | 4     | 1   | 2   |

## 58

| 2÷ 2 | 12× 4 | 1   | 3   |
|------|-------|-----|-----|
| 4    | 9+ 2  | 3   | 1− 1 |
| 2− 1 | 3     | 4   | 2   |
| 3    | 7+ 1  | 2   | 4   |

## 59

| 2÷ 4 | 2÷ 2  | 1   | 3   |
|------|-------|-----|-----|
| 2    | 12× 3 | 4   | 1   |
| 8+ 3 | 1     | 1− 2 | 2÷ 4 |
| 1 1  | 4     | 3   | 2   |

## 60

| 2÷ 4 | 1− 3 | 2   | 3− 1 |
|------|------|-----|------|
| 2    | 2− 1 | 3   | 4    |
| 6× 1 | 2    | 1− 4 | 3    |
| 3    | 7+ 4 | 1   | 2    |

## 61

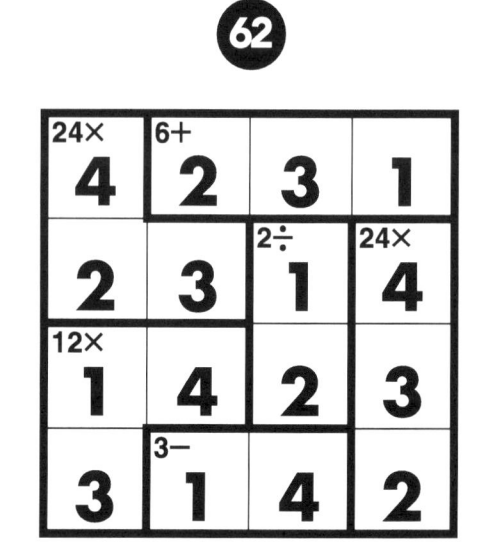

| 1−  3 | 4   | 1−  2 | 8×  1 |
|---|---|---|---|
| 2÷  2 | 4+  1 | 3 | 4 |
| 1 | 3 | 4  4 | 2 |
| 2÷  4 | 2 | 2−  1 | 3 |

## 62

| 24×  4 | 6+  2 | 3 | 1 |
|---|---|---|---|
| 2 | 3 | 2÷  1 | 24×  4 |
| 12×  1 | 4 | 2 | 3 |
| 3 | 3−  1 | 4 | 2 |

## 63

| 5+  3 | 6+  2 | 4 | 4+  1 |
|---|---|---|---|
| 2 | 8+  4 | 7+  1 | 3 |
| 1 | 3 | 2 | 4 |
| 5+  4 | 1 | 5+  3 | 2 |

## 64

| 4+  1 | 9+  4 | 3 | 2  2 |
|---|---|---|---|
| 3 | 7+  1 | 2 | 8+  4 |
| 4 | 2 | 5+  1 | 3 |
| 5+  2 | 3 | 4 | 1 |

## 65

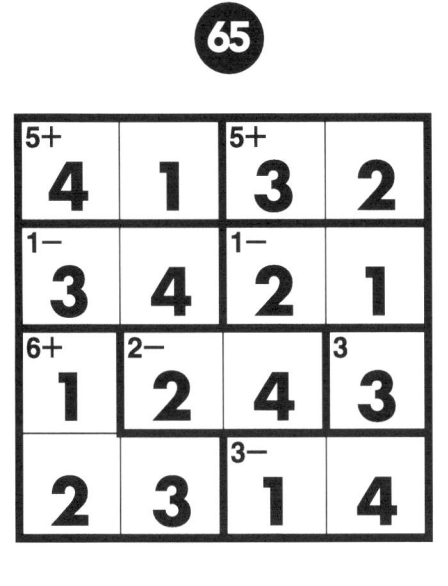

| 5+ 4 | 1 | 5+ 3 | 2 |
|---|---|---|---|
| 1− 3 | 4 | 1− 2 | 1 |
| 6+ 1 | 2− 2 | 4 | 3 3 |
| 2 | 3 | 3− 1 | 4 |

## 66

| 9+ 3 | 2 | 1 | 2− 4 |
|---|---|---|---|
| 3− 1 | 3 | 2− 4 | 2 |
| 4 | 7+ 1 | 2 | 7+ 3 |
| 2 | 4 | 3 | 1 |

## 67

| 1 1 | 24× 4 | 3 | 2 |
|---|---|---|---|
| 1− 2 | 3 | 12× 4 | 1 |
| 8+ 4 | 2÷ 2 | 1 | 3 |
| 3 | 1 | 2÷ 2 | 4 |

## 68

| 12× 3 | 1− 2 | 1 | 2÷ 4 |
|---|---|---|---|
| 4 | 1 | 8+ 3 | 2 |
| 1− 2 | 1− 3 | 4 | 1 |
| 1 | 4 | 1− 2 | 3 |

## 69

| 7+ 1 | 24× 2 | 4 | 2− 3 |
|---|---|---|---|
| 2 | 4 | 3 | 1 |
| 4 4 | 6× 3 | 1 | 2 |
| 2− 3 | 1 | 2÷ 2 | 4 |

## 70

| 2− 1 | 3 | 2÷ 2 | 4 |
|---|---|---|---|
| 12× 3 | 4 | 1 1 | 1− 2 |
| 8+ 2 | 1 | 1− 4 | 3 |
| 4 | 2 | 3 | 1 1 |

## 71

| 12× 3 | 4 | 2÷ 2 | 1 1 |
|---|---|---|---|
| 1 | 2÷ 2 | 4 | 1− 3 |
| 2− 2 | 1 | 9+ 3 | 4 |
| 4 | 3 | 1 | 2 |

## 72

| 12× 4 | 3 | 1 | 2 2 |
|---|---|---|---|
| 6+ 3 | 9+ 4 | 2÷ 2 | 1 |
| 2 | 1 | 4 | 1− 3 |
| 1 | 1− 2 | 3 | 4 |

## 73

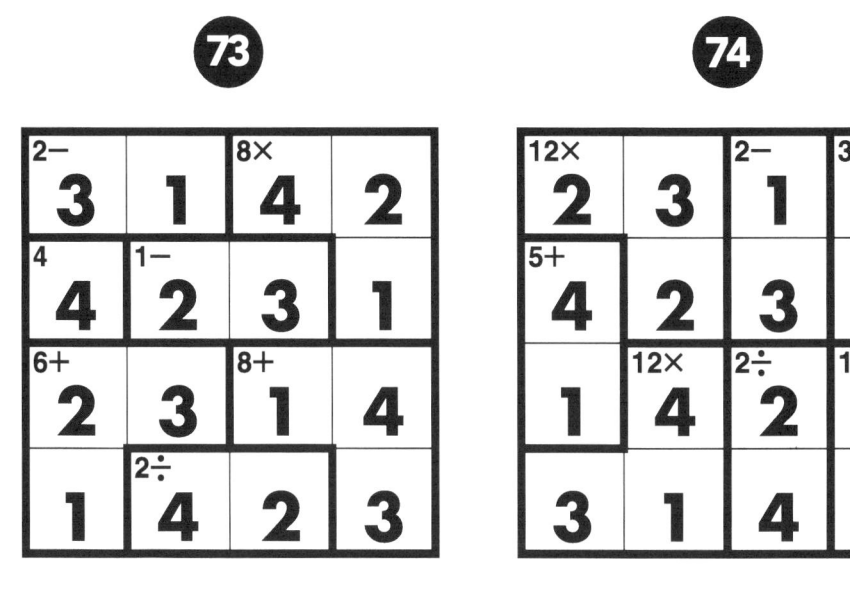

| 2−<br>**3** | **1** | 8×<br>**4** | **2** |
|---|---|---|---|
| 4<br>**4** | 1−<br>**2** | **3** | **1** |
| 6+<br>**2** | **3** | 8+<br>**1** | **4** |
| **1** | 2÷<br>**4** | **2** | **3** |

## 74

| 12×<br>**2** | **3** | 2−<br>**1** | 3−<br>**4** |
|---|---|---|---|
| 5+<br>**4** | **2** | **3** | **1** |
| **1** | 12×<br>**4** | 2÷<br>**2** | 1−<br>**3** |
| **3** | **1** | **4** | **2** |

## 75

| 12×<br>**1** | **3** | 2÷<br>**4** | **2** |
|---|---|---|---|
| **4** | **1** | 9+<br>**2** | **3** |
| 1−<br>**3** | 2−<br>**2** | 1<br>**1** | **4** |
| **2** | **4** | 2−<br>**3** | **1** |

## 76

| 16×<br>**2** | **4** | 1−<br>**3** | 4+<br>**1** |
|---|---|---|---|
| 2−<br>**1** | **2** | **4** | **3** |
| **3** | 8+<br>**1** | 2÷<br>**2** | 2÷<br>**4** |
| **4** | **3** | **1** | **2** |

## 77

| 4+ 1 | 3 | 9+ 5 | 3+ 2 | 7+ 4 |
|---|---|---|---|---|
| 9+ 5 | 8+ 2 | 4 | 1 | 3 |
| 4 | 5 | 1 | 7+ 3 | 8+ 2 |
| 5+ 3 | 3+ 1 | 2 | 4 | 5 |
| 2 | 4 4 | 8+ 3 | 5 | 1 |

## 78

| 6+ 2 | 3+ 1 | 9+ 4 | 5 | 9+ 3 |
|---|---|---|---|---|
| 4 | 2 | 4+ 3 | 1 | 5 |
| 11+ 3 | 5 | 1 | 6+ 4 | 2 |
| 1 1 | 3 | 7+ 5 | 5+ 2 | 5+ 4 |
| 9+ 5 | 4 | 2 | 3 | 1 |

## 79

| 8+ 1 | 5+ 2 | 3 | 4− 5 | 6+ 4 |
|---|---|---|---|---|
| 3 | 4 | 9+ 5 | 1 | 2 |
| 4− 5 | 1 | 4 | 5+ 2 | 3 3 |
| 12+ 4 | 5 | 2 2 | 3 | 4− 1 |
| 2 2 | 3 | 3− 1 | 4 | 5 |

## 80

| 3+ 2 | 1 | 7+ 4 | 3 | 9+ 5 |
|---|---|---|---|---|
| 4+ 3 | 4− 5 | 1 | 9+ 2 | 4 |
| 1 | 6+ 2 | 9+ 5 | 4 | 3 |
| 9+ 5 | 4 | 3 | 1 | 2 2 |
| 4 | 5+ 3 | 2 | 4− 5 | 1 |

## 81

| 1 | 12× | | 10× | |
|---|---|---|---|---|
| **1** | **3** | **4** | **2** | **5** |
| 1− | 2÷ | 3 | 4− | 3+ |
| **4** | **2** | **3** | **5** | **1** |
| | | 25× | | |
| **3** | **4** | **5** | **1** | **2** |
| 10× | | | 3 | 48× |
| **2** | **5** | **1** | **3** | **4** |
| | 3+ | | | |
| **5** | **1** | **2** | **4** | **3** |

## 82

| 48× | | 5 | 2÷ | |
|---|---|---|---|---|
| **3** | **4** | **5** | **1** | **2** |
| | 4− | | 2 | 11+ |
| **4** | **5** | **1** | **2** | **3** |
| 2÷ | 2÷ | | | |
| **1** | **2** | **4** | **3** | **5** |
| | | 2− | | 80× |
| **2** | **1** | **3** | **5** | **4** |
| 30× | | | | 1 |
| **5** | **3** | **2** | **4** | **1** |

## 83

| 3− | | 4− | 6× | |
|---|---|---|---|---|
| **1** | **4** | **5** | **2** | **3** |
| 9+ | | | 4+ | 3− |
| **4** | **5** | **1** | **3** | **2** |
| 5+ | | 1− | | |
| **2** | **3** | **4** | **1** | **5** |
| 15× | 2÷ | | 40× | 3− |
| **5** | **2** | **3** | **4** | **1** |
| | | | | |
| **3** | **1** | **2** | **5** | **4** |

## 84

| 2÷ | | 36× | 2÷ | 6+ |
|---|---|---|---|---|
| **2** | **1** | **3** | **4** | **5** |
| 5 | | | | |
| **5** | **3** | **4** | **2** | **1** |
| 10+ | | | 4− | 7+ |
| **3** | **5** | **2** | **1** | **4** |
| 5+ | 2÷ | 4− | | |
| **4** | **2** | **1** | **5** | **3** |
| | | | 1− | |
| **1** | **4** | **5** | **3** | **2** |

## 85

| 3 **3** | 2÷ **2** | **1** | 60× **5** | **4** |
|---|---|---|---|---|
| 9+ **4** | 5 **5** | 3+ **2** | **1** | **3** |
| **5** | 3− **1** | **4** | 6× **3** | 3− **2** |
| 1− **1** | 1− **4** | 3 **3** | **2** | **5** |
| **2** | **3** | 9+ **5** | **4** | 1 **1** |

## 86

| 9+ **5** | 3+ **1** | **2** | 9+ **3** | **4** |
|---|---|---|---|---|
| **4** | 15× **3** | **5** | **2** | 5+ **1** |
| 6× **2** | 9+ **5** | **4** | **1** | **3** |
| **3** | 2÷ **4** | 4− **1** | **5** | 10× **2** |
| **1** | **2** | 12× **3** | **4** | **5** |

## 87

| 45× **3** | 9+ **5** | **4** | 4+ **1** | **2** |
|---|---|---|---|---|
| **5** | **3** | 2÷ **2** | **4** | **1** |
| 7+ **2** | 4− **1** | **5** | 1− **3** | 9+ **4** |
| **1** | **4** | 4+ **3** | **2** | **5** |
| 2÷ **4** | **2** | **1** | 15× **5** | **3** |

## 88

| 15× **3** | **5** | 3+ **1** | **2** | 8× **4** |
|---|---|---|---|---|
| 4− **5** | 60× **3** | **4** | **1** | **2** |
| **1** | 3+ **2** | **5** | 1− **4** | **3** |
| 4 **4** | **1** | 5+ **2** | 13+ **3** | **5** |
| 2÷ **2** | **4** | **3** | **5** | 1 **1** |

## 89

| 4+ 3 | 1 | 1− 4 | 4− 5 | 1− 2 |
|---|---|---|---|---|
| 2÷ 4 | 2 | 5 | 1 | 3 |
| 4− 5 | 18× 3 | 2 | 5+ 4 | 1 |
| 1 | 4 4 | 3 | 1− 2 | 20× 5 |
| 2 2 | 4− 5 | 1 | 3 | 4 |

## 90

| 12× 4 | 3 | 2÷ 1 | 2÷ 2 | 5 5 |
|---|---|---|---|---|
| 4− 5 | 1 | 2 | 4 | 5+ 3 |
| 3 3 | 2÷ 4 | 4− 5 | 1 | 2 |
| 2÷ 1 | 2 | 60× 3 | 20× 5 | 4 |
| 2 | 5 | 4 | 4+ 3 | 1 |

## 91

| 8+ 1 | 9+ 3 | 4 | 2 | 13+ 5 |
|---|---|---|---|---|
| 4 | 3+ 2 | 1 | 5 | 3 |
| 3 | 9+ 4 | 8+ 5 | 5+ 1 | 3+ 2 |
| 8+ 2 | 5 | 3 | 4 | 1 |
| 5 | 1 | 5+ 2 | 3 | 4 4 |

## 92

| 7+ 1 | 8+ 3 | 5 | 11+ 2 | 4 |
|---|---|---|---|---|
| 4 | 2 | 3 3 | 5 | 6+ 1 |
| 5+ 3 | 9+ 4 | 3+ 2 | 12+ 1 | 5 |
| 2 | 5 | 1 | 4 | 5+ 3 |
| 6+ 5 | 1 | 4 | 3 | 2 |

## 93

| 4+ 1 | 3 | 9+ 5 | 4 | 2− 2 |
|---|---|---|---|---|
| 14+ 2 | 2− 5 | 3 | 2− 1 | 4 |
| 5 | 2− 2 | 5+ 4 | 3 | 4− 1 |
| 3 | 4 | 1 | 2 2 | 5 |
| 4 | 3+ 1 | 2 | 8+ 5 | 3 |

## 94

| 8+ 3 | 2 | 13+ 4 | 4− 1 | 5 |
|---|---|---|---|---|
| 2− 2 | 3 | 5 | 4 | 3+ 1 |
| 4 | 4− 5 | 1 | 10+ 3 | 2 |
| 4− 5 | 1 | 3 3 | 2 | 7+ 4 |
| 1 1 | 2− 4 | 2 | 5 | 3 |

## 95

| 2÷ 4 | 2 | 2− 3 | 10× 5 | 2− 1 |
|---|---|---|---|---|
| 3+ 1 | 3− 4 | 5 | 2 | 3 |
| 2 | 1 | 8× 4 | 2− 3 | 5 |
| 13+ 3 | 5 | 2 | 1 | 4 4 |
| 5 | 4+ 3 | 1 | 2÷ 4 | 2 |

## 96

| 1− 3 | 1 1 | 10× 2 | 9+ 4 | 5 |
|---|---|---|---|---|
| 2 | 15× 3 | 5 | 1 | 7+ 4 |
| 9+ 4 | 5 | 8+ 3 | 2 | 1 |
| 5 | 4 | 1 | 3 3 | 6× 2 |
| 2÷ 1 | 2 | 1− 4 | 5 | 3 |

## 97

| 3+ 1 | 2 | 1− 4 | 3 | 3− 5 |
|---|---|---|---|---|
| 6× 3 | 9+ 5 | 3− 1 | 4 | 2 |
| 2 | 4 | 5 5 | 2− 1 | 3 |
| 1− 4 | 4+ 3 | 6× 2 | 4− 5 | 1 |
| 5 | 1 | 3 | 2÷ 2 | 4 |

## 98

| 24× 4 | 60× 5 | 2÷ 1 | 2 | 4+ 3 |
|---|---|---|---|---|
| 2 | 3 | 4 | 25× 5 | 1 |
| 3 | 2− 2 | 5 | 1 | 4 4 |
| 4− 1 | 4 | 30× 2 | 3 | 5 |
| 5 | 2− 1 | 3 | 2÷ 4 | 2 |

## 99

| 1− 3 | 2 | 5+ 1 | 4 | 9+ 5 |
|---|---|---|---|---|
| 50× 2 | 5 | 6+ 3 | 1 | 4 |
| 5 | 1− 3 | 4 | 2 | 6+ 1 |
| 5+ 4 | 2÷ 1 | 2 | 15× 5 | 3 |
| 1 | 1− 4 | 5 | 3 | 2 |

## 100

| 6× 3 | 2 2 | 3− 4 | 4− 1 | 5 |
|---|---|---|---|---|
| 2 | 12+ 5 | 1 | 2÷ 4 | 2− 3 |
| 4 | 3 | 60× 5 | 2 | 1 |
| 4− 1 | 4 | 3 | 2− 5 | 2÷ 2 |
| 5 | 2÷ 1 | 2 | 3 | 4 |

## 101

| 2÷ 1 | 1− 5 | 4 | 6× 3 | 2 |
|---|---|---|---|---|
| 2 | 4+ 1 | 4− 5 | 6+ 4 | 1− 3 |
| 16+ 5 | 3 | 1 | 2 | 4 |
| 3 | 4 | 3− 2 | 5 | 1 |
| 4 | 1− 2 | 3 | 4− 1 | 5 |

## 102

| 45× 5 | 3 | 1 | 2÷ 2 | 9+ 4 |
|---|---|---|---|---|
| 2÷ 2 | 1 | 3 | 4 | 5 |
| 12× 1 | 9+ 5 | 4 | 1− 3 | 2 |
| 3 | 2− 4 | 8+ 2 | 5 | 1 |
| 4 | 2 | 4− 5 | 1 | 3 3 |

## 103

| 12× 3 | 4 | 2÷ 1 | 2 | 14+ 5 |
|---|---|---|---|---|
| 2÷ 2 | 1 | 12+ 3 | 5 | 4 |
| 1 | 5 | 4 | 6× 3 | 2 |
| 20× 4 | 7+ 2 | 4− 5 | 1 | 12× 3 |
| 5 | 3 | 2 | 4 | 1 |

## 104

| 3+ 2 | 20× 5 | 1 | 4 | 3 3 |
|---|---|---|---|---|
| 1 | 2− 3 | 5 | 2÷ 2 | 4 |
| 3 3 | 3+ 1 | 7+ 4 | 12+ 5 | 2 |
| 1− 4 | 2 | 3 | 7+ 1 | 5 |
| 5 | 4 4 | 2 | 3 | 1 |

## 105

| 6+ 2 | 9+ 4 | 12+ 5 | 3 | 1 1 |
|---|---|---|---|---|
| 4 | 5 | 3+ 2 | 1 | 3 |
| 11+ 5 | 3 | 1 | 4 4 | 16+ 2 |
| 1 | 2 | 9+ 3 | 5 | 4 |
| 4+ 3 | 1 | 4 | 2 | 5 |

## 106

| 13+ 5 | 3 | 6+ 4 | 2 | 3+ 1 |
|---|---|---|---|---|
| 6+ 3 | 5 | 14+ 1 | 4 | 2 |
| 2 | 5+ 1 | 5+ 3 | 5 | 4 |
| 1 | 4 | 2 | 12+ 3 | 5 |
| 11+ 4 | 2 | 5 | 1 | 3 |

## 107

| 7+ 2 | 1 | 3 3 | 9+ 5 | 4 |
|---|---|---|---|---|
| 4 | 3 3 | 4− 1 | 11+ 2 | 5 |
| 9+ 1 | 11+ 2 | 5 | 4 | 3 3 |
| 3 | 5 | 2− 4 | 3+ 1 | 2 |
| 5 | 4 | 2 | 2− 3 | 1 |

## 108

| 9+ 4 | 5 | 1− 3 | 2 | 1− 1 |
|---|---|---|---|---|
| 8+ 3 | 1 | 6+ 4 | 6+ 5 | 2 |
| 5 | 3 | 1− 2 | 1 | 4 4 |
| 7+ 1 | 2 | 4− 5 | 1− 4 | 8+ 3 |
| 2 | 4 | 1 | 3 | 5 |

## 109

| 2÷ **2** | **4** | 15× **3** | **5** | 2− **1** |
|---|---|---|---|---|
| 1− **4** | 6+ **5** | 1− **1** | **2** | **3** |
| **5** | **1** | 2÷ **4** | 1− **3** | **2** |
| 2− **1** | **3** | **2** | 13+ **4** | **5** |
| 1− **3** | **2** | 4− **5** | **1** | **4** |

## 110

| 12+ **3** | **1** | 1− **5** | **4** | 10× **2** |
|---|---|---|---|---|
| **4** | 6× **2** | 2− **1** | **3** | **5** |
| **5** | **3** | 1− **4** | 1− **2** | **1** |
| 2÷ **2** | 1− **5** | **3** | 5+ **1** | **4** |
| **1** | **4** | 3− **2** | **5** | 3 **3** |

## 111

| 40× **4** | **2** | **5** | 4+ **1** | **3** |
|---|---|---|---|---|
| 20× **5** | **4** | 1− **2** | **3** | 2÷ **1** |
| **1** | 12+ **3** | **4** | **5** | **2** |
| 6× **2** | **1** | 3 **3** | 8× **4** | 1− **5** |
| **3** | 5 **5** | **1** | **2** | **4** |

## 112

| 2÷ **1** | **2** | 60× **5** | **4** | **3** |
|---|---|---|---|---|
| 20× **4** | **5** | **1** | 6+ **3** | **2** |
| 30× **2** | 5+ **4** | 12+ **3** | **5** | **1** |
| **3** | **1** | **4** | 2 **2** | 1− **5** |
| **5** | 6+ **3** | **2** | **1** | **4** |

### 113

| 2−<br>**2** | **4** | 2−<br>**1** | **3** | 60×<br>**5** |
|---|---|---|---|---|
| 4−<br>**5** | **1** | 2÷<br>**2** | **4** | **3** |
| 2−<br>**3** | 10+<br>**2** | 4−<br>**5** | **1** | **4** |
| **1** | **3** | 12×<br>**4** | 20×<br>**5** | **2** |
| 4<br>**4** | **5** | **3** | **2** | **1** |

### 114

| 1−<br>**4** | **5** | 1−<br>**2** | **3** | 6+<br>**1** |
|---|---|---|---|---|
| 2−<br>**3** | 3+<br>**1** | 2−<br>**4** | **2** | **5** |
| **5** | **2** | 4+<br>**3** | 3−<br>**1** | **4** |
| 2÷<br>**2** | **4** | **1** | 2−<br>**5** | **3** |
| 15×<br>**1** | **3** | **5** | 2÷<br>**4** | **2** |

### 115

| 12+<br>**5** | **3** | **4** | 4+<br>**1** | 2÷<br>**2** |
|---|---|---|---|---|
| 5+<br>**4** | 50×<br>**5** | **2** | **3** | **1** |
| **1** | 6×<br>**2** | **5** | 12+<br>**4** | **3** |
| 24×<br>**2** | **1** | **3** | **5** | 1−<br>**4** |
| **3** | **4** | 1−<br>**1** | **2** | **5** |

### 116

| 3<br>**3** | 160×<br>**2** | **5** | **4** | 4−<br>**1** |
|---|---|---|---|---|
| 10+<br>**2** | **3** | **4** | 11+<br>**1** | **5** |
| 4−<br>**1** | **4** | **3** | **5** | **2** |
| **5** | **1** | 2÷<br>**2** | 7+<br>**3** | **4** |
| 1−<br>**4** | **5** | **1** | 1−<br>**2** | **3** |

## 117

| 15× 5 | 3 | 1− 2 | 12× 4 | 6+ 1 |
|---|---|---|---|---|
| 2− 2 | 4 | 1 | 3 | 5 |
| 2− 3 | 4− 1 | 5 | 9+ 2 | 4 |
| 1 | 120× 2 | 9+ 4 | 5 | 3 |
| 4 | 5 | 3 | 2÷ 1 | 2 |

## 118

| 2÷ 2 | 1− 5 | 15× 3 | 1 | 12× 4 |
|---|---|---|---|---|
| 1 | 4 | 6+ 2 | 5 | 3 |
| 2− 5 | 2÷ 2 | 4 | 24× 3 | 1 |
| 3 | 1 | 4− 5 | 4 | 7+ 2 |
| 12× 4 | 3 | 1 | 2 | 5 |

## 119

| 7+ 5 | 9+ 4 | 6+ 1 | 8+ 3 | 2 |
|---|---|---|---|---|
| 2 | 5 | 4 | 1 | 3 |
| 6+ 4 | 2 | 13+ 3 | 5 | 1 |
| 6+ 3 | 1 | 2 | 4 | 11+ 5 |
| 1 1 | 8+ 3 | 5 | 2 | 4 |

## 120

| 8+ 1 | 5+ 2 | 3 | 7+ 5 | 12+ 4 |
|---|---|---|---|---|
| 4 | 3 | 10+ 1 | 2 | 5 |
| 3+ 2 | 1 | 5 | 5+ 4 | 3 |
| 8+ 3 | 9+ 5 | 4 | 1 | 3+ 2 |
| 5 | 4 | 5+ 2 | 3 | 1 |

## 121

| 7+ 2 | 3 | 1 1 | 1− 4 | 5 |
|---|---|---|---|---|
| 9+ 3 | 2 | 4− 5 | 1 | 9+ 4 |
| 1 | 5 | 14+ 4 | 2 | 3 |
| 1− 5 | 5+ 4 | 2 | 3 3 | 1− 1 |
| 4 | 1 | 3 | 5 | 2 |

## 122

| 11+ 4 | 5 | 2 | 4+ 1 | 3 |
|---|---|---|---|---|
| 1− 3 | 4 | 11+ 5 | 2 | 6+ 1 |
| 1− 2 | 2− 3 | 1 | 4 | 5 |
| 1 | 8+ 2 | 12+ 3 | 5 | 6+ 4 |
| 5 | 1 | 4 | 3 3 | 2 |

## 123

| 40× 2 | 4 | 2÷ 1 | 2− 3 | 5 |
|---|---|---|---|---|
| 4 4 | 5 | 2 | 13+ 1 | 3 |
| 10+ 1 | 2 | 3 | 5 | 4 |
| 2− 5 | 2− 3 | 4 | 40× 2 | 2÷ 1 |
| 3 | 1 | 5 | 4 | 2 |

## 124

| 1− 3 | 2 | 10+ 4 | 15× 1 | 5 |
|---|---|---|---|---|
| 3− 5 | 4 | 2 | 3 | 2− 1 |
| 2 | 6+ 5 | 1 | 2÷ 4 | 3 |
| 1 1 | 12× 3 | 2− 5 | 2 | 11+ 4 |
| 4 | 1 | 3 | 5 | 2 |

## 125

| 15× 1 | 1− 4 | 1− 3 | 5 5 | 2÷ 2 |
|---|---|---|---|---|
| 3 | 5 | 4 | 2÷ 2 | 1 |
| 5 | 1 1 | 8+ 2 | 4 | 1− 3 |
| 2÷ 2 | 6× 3 | 5 | 1 | 4 |
| 4 | 2 | 1 | 2− 3 | 5 |

## 126

| 2÷ 1 | 24× 4 | 2 | 3 3 | 1− 5 |
|---|---|---|---|---|
| 2 | 3 | 4− 5 | 10+ 1 | 4 |
| 11+ 5 | 2 | 1 | 4 | 3 |
| 4 | 1 1 | 2− 3 | 5 | 2 |
| 2− 3 | 5 | 8× 4 | 2 | 1 |

## 127

| 6× 3 | 1 | 40× 4 | 2 | 5 |
|---|---|---|---|---|
| 2 | 12+ 5 | 3 | 4 | 4+ 1 |
| 11+ 4 | 2 | 4− 5 | 1 | 3 |
| 5 | 12× 4 | 1− 1 | 2− 3 | 2÷ 2 |
| 1 1 | 3 | 2 | 5 | 4 |

## 128

| 12+ 4 | 6× 2 | 1 | 3 3 | 10+ 5 |
|---|---|---|---|---|
| 2 | 3 | 60× 5 | 4 | 1 |
| 5 | 1 | 3 | 1− 2 | 2÷ 4 |
| 60× 3 | 5 | 4 | 1 | 2 |
| 1 | 4 | 30× 2 | 5 | 3 |

## 129

| 2−  3 | 2−  1 | 1−  4 | 5 | 1−  2 |
|---|---|---|---|---|
| 5 | 3 | 24×  2 | 4 | 1 |
| 2÷  2 | 4 | 3 | 6+  1 | 5 |
| 11+  1 | 2  2 | 10+  5 | 3 | 12×  4 |
| 4 | 5 | 1 | 2 | 3 |

## 130

| 4−  1 | 6+  2 | 60×  4 | 5 | 3 |
|---|---|---|---|---|
| 5 | 1 | 2−  3 | 2÷  4 | 2÷  2 |
| 12+  4 | 3 | 5 | 2 | 1 |
| 3 | 5 | 1−  2 | 1 | 1−  4 |
| 2÷  2 | 4 | 2−  1 | 3 | 5 |

## 131

| 2÷  1 | 2 | 60×  3 | 4 | 5 |
|---|---|---|---|---|
| 3−  5 | 12+  3 | 4 | 1−  2 | 3−  1 |
| 2 | 6+  1 | 5 | 3 | 4 |
| 12×  4 | 5 | 2÷  2 | 1 | 1−  3 |
| 3 | 10+  4 | 1 | 5 | 2 |

## 132

| 1−  4 | 5 | 30×  3 | 2 | 2÷  1 |
|---|---|---|---|---|
| 3 | 1 | 5 | 9+  4 | 2 |
| 2  2 | 10+  3 | 4 | 1 | 1−  5 |
| 5 | 2 | 6×  1 | 3 | 4 |
| 3−  1 | 4 | 2−  2 | 5 | 3 |

## 133

| 10+ 1 | 4 | 5 | 5+ 3 | 2 |
|---|---|---|---|---|
| 3+ 2 | 1 | 9+ 4 | 5 | 3 3 |
| 9+ 4 | 5+ 2 | 9+ 3 | 1 | 5 |
| 5 | 3 | 8+ 2 | 5+ 4 | 1 |
| 3 3 | 5 | 1 | 6+ 2 | 4 |

## 134

| 12+ 4 | 3 | 9+ 2 | 6+ 1 | 5 |
|---|---|---|---|---|
| 7+ 2 | 5 | 3 | 4 | 5+ 1 |
| 5 | 10+ 2 | 1 | 3 | 4 |
| 5+ 1 | 4 | 9+ 5 | 12+ 2 | 3 |
| 3 | 1 | 4 | 5 | 2 |

## 135

| 12+ 5 | 3 | 1− 1 | 9+ 2 | 4 |
|---|---|---|---|---|
| 4 | 3− 1 | 2 | 3 | 5 5 |
| 1− 1 | 4 | 8+ 3 | 3− 5 | 2 |
| 2 | 10+ 5 | 4 | 1 | 2− 3 |
| 3 | 2 | 1− 5 | 4 | 1 |

## 136

| 7+ 2 | 13+ 5 | 3 | 5+ 4 | 1 |
|---|---|---|---|---|
| 4 | 1 | 5 | 3 3 | 2− 2 |
| 8+ 5 | 7+ 3 | 1− 1 | 2 | 4 |
| 3 | 4 | 11+ 2 | 9+ 1 | 5 |
| 1− 1 | 2 | 4 | 5 | 3 |

## 137

| 2÷ 2 | 2− 3 | 2− 1 | 1− 5 | 4 |
|---|---|---|---|---|
| 4 | 5 | 3 | 6+ 2 | 1 |
| 15× 5 | 2÷ 2 | 4 | 10+ 1 | 3 |
| 3 | 3− 1 | 5 | 4 | 2 2 |
| 1 | 4 | 10+ 2 | 3 | 5 |

## 138

| 30× 1 | 5 | 1− 4 | 2÷ 2 | 3 3 |
|---|---|---|---|---|
| 2 | 3 | 5 | 4 | 8+ 1 |
| 1− 4 | 2÷ 1 | 2− 3 | 5 | 2 |
| 5 | 2 | 1 | 2− 3 | 9+ 4 |
| 9+ 3 | 4 | 2 | 1 | 5 |

## 139

| 2− 1 | 3 | 2÷ 2 | 40× 4 | 5 |
|---|---|---|---|---|
| 10+ 3 | 5 | 1 | 2 | 1− 4 |
| 2 | 2− 4 | 6+ 5 | 1 | 3 |
| 1− 4 | 2 | 11+ 3 | 5 | 2÷ 1 |
| 5 | 3− 1 | 4 | 3 | 2 |

## 140

| 60× 4 | 3− 2 | 5 | 2− 3 | 1 |
|---|---|---|---|---|
| 5 | 3 | 12+ 4 | 1− 1 | 3− 2 |
| 3 | 4 | 1 | 2 | 5 |
| 4− 1 | 5 | 1− 2 | 1− 4 | 3 |
| 2÷ 2 | 1 | 3 | 20× 5 | 4 |

## 141

| 15× 1 | 2÷ 2 | 4 | 2− 5 | 3 |
|---|---|---|---|---|
| 5 | 3 | 2− 2 | 4 | 2÷ 1 |
| 5+ 4 | 1 | 15× 5 | 3 | 2 |
| 3− 2 | 5 | 2− 3 | 1 | 1− 4 |
| 1− 3 | 4 | 1− 1 | 2 | 5 |

## 142

| 1− 3 | 2 | 4− 5 | 1 | 60× 4 |
|---|---|---|---|---|
| 9+ 4 | 3 | 2÷ 1 | 2 | 5 |
| 2 | 10+ 1 | 4 | 5 | 3 |
| 6+ 1 | 40× 5 | 36× 3 | 4 | 1− 2 |
| 5 | 4 | 2 | 3 | 1 |

## 143

| 20× 1 | 4 | 5 | 2÷ 2 | 2− 3 |
|---|---|---|---|---|
| 8+ 5 | 12+ 3 | 2 | 4 | 1 |
| 2 | 1 | 4 | 3 | 1− 5 |
| 1− 3 | 8+ 2 | 1 | 5 | 4 |
| 4 | 2− 5 | 3 | 2÷ 1 | 2 |

## 144

| 1− 2 | 2÷ 4 | 2− 5 | 3 | 15× 1 |
|---|---|---|---|---|
| 3 | 2 | 7+ 4 | 1 | 5 |
| 1− 4 | 4− 5 | 1 | 2 | 3 |
| 5 | 1 | 2− 3 | 2÷ 4 | 2 |
| 4+ 1 | 3 | 11+ 2 | 5 | 4 |

## 145

| 4−<br>1 | 5 | 60×<br>3 | 9+<br>2 | 4 |
|---|---|---|---|---|
| 2÷<br>2 | 4 | 1 | 5 | 3 |
| 3−<br>5 | 2 | 4 | 2−<br>3 | 1 |
| 7+<br>4 | 30×<br>3 | 5 | 2÷<br>1 | 2 |
| 3 | 1 | 2 | 1−<br>4 | 5 |

## 146

| 3−<br>2 | 5 | 1−<br>4 | 2−<br>1 | 3 |
|---|---|---|---|---|
| 36×<br>3 | 4 | 5 | 2÷<br>2 | 1 |
| 10+<br>4 | 3 | 1 | 12+<br>5 | 2 |
| 1 | 2÷<br>2 | 1−<br>3 | 11+<br>4 | 5 |
| 5 | 1 | 2 | 3 | 4 |

## 147

| 5+<br>3 | 3+<br>1 | 2 | 11+<br>6 | 5 | 4<br>4 |
|---|---|---|---|---|---|
| 2 | 4+<br>3 | 1 | 9+<br>4 | 9+<br>6 | 13+<br>5 |
| 11+<br>5 | 6 | 4 | 1 | 3 | 2 |
| 3+<br>1 | 2 | 8+<br>3 | 5 | 6+<br>4 | 6 |
| 15+<br>4 | 5 | 9+<br>6 | 3 | 2 | 4+<br>1 |
| 6 | 9+<br>4 | 5 | 3+<br>2 | 1 | 3 |

## 148

| 9+<br>6 | 3+<br>1 | 6+<br>5 | 9+<br>4 | 3 | 2 |
|---|---|---|---|---|---|
| 3 | 2 | 1 | 8+<br>5 | 5+<br>4 | 11+<br>6 |
| 2<br>2 | 13+<br>4 | 6 | 3 | 1 | 5 |
| 6+<br>5 | 3 | 3+<br>2 | 1 | 10+<br>6 | 4 |
| 1 | 9+<br>5 | 4 | 8+<br>6 | 7+<br>2 | 4+<br>3 |
| 13+<br>4 | 6 | 3 | 2 | 5 | 1 |

## 149

| 2−  | 4−  | 3+  | 11+ | 9+  |     |
|-----|-----|-----|-----|-----|-----|
| 4   | 5   | 1   | 6   | 3   | 2   |
| 6   | 1   | 2   | 5   | 4   | 3 (3) |
| 4+  | 1−  |     | 5+  |     | 11+ |
| 1   | 4   | 5   | 3   | 2   | 6   |
| 3   | 6+ 2 | 4  | 3+ 1 | 5− 6 | 5  |
| 8+ 5 | 3  | 3− 6 | 2  | 1   | 5+ 4 |
| 4− 2 | 6  | 3   | 9+ 4 | 5  | 1   |

## 150

| 6+  |     |     | 11+ |     | 10+ |
|-----|-----|-----|-----|-----|-----|
| 2   | 3   | 1   | 6   | 5   | 4   |
| 9+ 5 | 1  | 5+ 2 | 3  | 9+ 4 | 6  |
| 4   | 16+ 5 | 6 | 6+ 2 | 1  | 3   |
| 5− 6 | 6+ 2 | 5 | 4   | 9+ 3 | 1  |
| 1   | 4   | 7+ 3 | 4− 5 | 6  | 9+ 2 |
| 9+ 3 | 6  | 4   | 1   | 2   | 5   |

## 151

| 2   | 5+  |     | 8+  | 30× |     |
|-----|-----|-----|-----|-----|-----|
| 2   | 4   | 1   | 3   | 6   | 5   |
| 9+ 3 | 5  | 4   | 1   | 2 (2) | 3÷ 6 |
| 1   | 3 (3) | 11+ 6 | 5 | 48× 4 | 2 |
| 5− 6 | 1  | 3− 5 | 2  | 3   | 4   |
| 2÷ 4 | 2  | 2÷ 3 | 6  | 15× 5 | 1  |
| 11+ 5 | 6  | 2 (2) | 3− 4 | 1  | 3   |

## 152

| 2÷  |     | 5−  | 2−  | 17+ |     |
|-----|-----|-----|-----|-----|-----|
| 6   | 3   | 1   | 2   | 5   | 4   |
| 3− 2 | 5  | 6   | 4   | 2÷ 1 | 3  |
| 3− 4 | 1  | 18× 3 | 6 | 2   | 5   |
| 32× 1 | 2 | 4   | 5 (5) | 2÷ 3 | 3÷ 6 |
| 3 (3) | 4 | 3− 5 | 3÷ 1 | 6  | 2   |
| 11+ 5 | 6  | 2   | 3   | 3− 4 | 1  |

## 153

| 72× 6 | 4 | 3 | 3+ 1 | 2÷ 2 | 2− 5 |
|---|---|---|---|---|---|
| 9+ 5 | 5− 6 | 1 | 2 | 4 | 3 |
| 4 | 4− 1 | 3÷ 6 | 2÷ 3 | 7+ 5 | 2 |
| 3÷ 3 | 5 | 2 | 6 | 5+ 1 | 4 |
| 1 | 3− 2 | 5 | 80× 4 | 2÷ 3 | 5− 6 |
| 5+ 2 | 3 | 4 | 5 | 6 | 1 |

## 154

| 3÷ 2 | 6 | 4 4 | 6+ 1 | 5 | 60× 3 |
|---|---|---|---|---|---|
| 5− 6 | 6× 2 | 3+ 1 | 15× 3 | 4 | 5 |
| 1 | 3 | 2 | 5 | 3÷ 6 | 2− 4 |
| 3÷ 3 | 1 | 1− 5 | 4 | 2 | 6 |
| 80× 5 | 4 | 2÷ 3 | 5− 6 | 1 | 12× 2 |
| 4 | 5 5 | 6 | 2 | 3 | 1 |

## 155

| 3 3 | 3+ 1 | 2 | 120× 5 | 6 | 4 |
|---|---|---|---|---|---|
| 3+ 2 | 1− 5 | 12× 3 | 4 | 5− 1 | 6 |
| 1 | 4 | 7+ 6 | 1− 3 | 7+ 5 | 2 |
| 11+ 5 | 6 | 1 | 2 | 12× 4 | 3 |
| 72× 6 | 2÷ 2 | 4 | 3÷ 1 | 3 | 5 5 |
| 4 | 3 | 11+ 5 | 6 | 2÷ 2 | 1 |

## 156

| 3 3 | 2÷ 2 | 4 | 40× 5 | 5− 1 | 6 |
|---|---|---|---|---|---|
| 11+ 5 | 6 | 5× 1 | 2 | 4 | 9+ 3 |
| 10+ 6 | 1 | 5 | 3 3 | 2 | 4 |
| 4 | 12+ 5 | 2 2 | 15+ 6 | 4+ 3 | 1 |
| 2÷ 1 | 3 | 2÷ 6 | 4 | 5 | 7+ 2 |
| 2 | 4 | 3 | 5− 1 | 6 | 5 |

## 157

| 20×<br>4 | 5 | 4+<br>1 | 3÷<br>6 | 2 | 3<br>3 |
|---|---|---|---|---|---|
| 15×<br>5 | 3−<br>4 | 3 | 17+<br>2 | 5−<br>1 | 6 |
| 3 | 1 | 4 | 5 | 6 | 8×<br>2 |
| 3+<br>1 | 2 | 11+<br>6 | 11+<br>3 | 5 | 4 |
| 4−<br>2 | 6 | 5 | 16×<br>4 | 3 | 6+<br>1 |
| 2÷<br>6 | 3 | 2<br>2 | 1 | 4 | 5 |

## 158

| 3<br>3 | 3÷<br>2 | 6 | 20×<br>4 | 5 | 1 |
|---|---|---|---|---|---|
| 11+<br>5 | 6 | 3+<br>1 | 2 | 48×<br>4 | 3 |
| 6 | 4−<br>1 | 2÷<br>2 | 45×<br>5 | 3 | 4 |
| 2÷<br>2 | 5 | 4 | 3 | 7+<br>1 | 3÷<br>6 |
| 4 | 15×<br>3 | 5 | 5−<br>1 | 6 | 2 |
| 8+<br>1 | 4 | 3 | 6 | 3−<br>2 | 5 |

## 159

| 3−<br>6 | 12×<br>4 | 3 | 1 | 3+<br>2 | 9+<br>5 |
|---|---|---|---|---|---|
| 3 | 10×<br>5 | 2 | 11+<br>6 | 1 | 4 |
| 2÷<br>4 | 2 | 6<br>6 | 5 | 3÷<br>3 | 1 |
| 3+<br>2 | 5−<br>6 | 1 | 80×<br>4 | 5 | 2÷<br>3 |
| 1 | 9+<br>3 | 1−<br>5 | 5+<br>2 | 4 | 6 |
| 5 | 1 | 4 | 3 | 3÷<br>6 | 2 |

## 160

| 1<br>1 | 3÷<br>6 | 2 | 1−<br>3 | 4 | 100×<br>5 |
|---|---|---|---|---|---|
| 3÷<br>6 | 15×<br>3 | 3+<br>1 | 2 | 5 | 4 |
| 2 | 5 | 10+<br>4 | 6 | 3÷<br>3 | 1 |
| 30×<br>5 | 2 | 3 | 10+<br>4 | 5−<br>1 | 6 |
| 7+<br>3 | 4 | 5 | 1 | 6<br>6 | 12×<br>2 |
| 3−<br>4 | 1 | 11+<br>6 | 5 | 2 | 3 |

## 161

| 7+ 3 | 5+ 1 | 4 | 11+ 5 | 6 | 3+ 2 |
|---|---|---|---|---|---|
| 4 | 9+ 6 | 3 | 6+ 2 | 7+ 5 | 1 |
| 12+ 6 | 4 | 1 | 3 | 2 | 11+ 5 |
| 3+ 1 | 2 | 11+ 5 | 5+ 4 | 10+ 3 | 6 |
| 2 | 13+ 5 | 6 | 1 | 4 | 3 |
| 5 | 3 | 8+ 2 | 6 | 5+ 1 | 4 |

## 162

| 13+ 4 | 6 | 3+ 1 | 2 | 8+ 3 | 5 |
|---|---|---|---|---|---|
| 3 | 5+ 4 | 7+ 6 | 1 | 5 5 | 8+ 2 |
| 9+ 5 | 1 | 5+ 3 | 6+ 4 | 2 | 6 |
| 1 | 3 | 2 | 11+ 5 | 6 | 5+ 4 |
| 8+ 6 | 7+ 2 | 5 | 7+ 3 | 4 | 1 |
| 2 | 9+ 5 | 4 | 10+ 6 | 1 | 3 |

## 163

| 3+ 1 | 2 | 8+ 5 | 3 | 2− 4 | 6 |
|---|---|---|---|---|---|
| 9+ 4 | 5 | 1− 2 | 5− 6 | 1 | 5+ 3 |
| 4− 6 | 3− 4 | 1 | 9+ 5 | 9+ 3 | 2 |
| 2 | 1 | 13+ 3 | 4 | 6 | 6+ 5 |
| 3 3 | 6 | 4 | 3− 2 | 5 | 1 |
| 2− 5 | 3 | 5− 6 | 1 | 2− 2 | 4 |

## 164

| 3− 4 | 1 | 11+ 5 | 6 | 7+ 2 | 9+ 3 |
|---|---|---|---|---|---|
| 2 2 | 11+ 5 | 3 | 4 | 1 | 6 |
| 13+ 6 | 2 | 1 | 2− 5 | 3 | 9+ 4 |
| 3 | 4 | 3+ 2 | 1 | 13+ 6 | 5 |
| 5− 1 | 6 | 7+ 4 | 3 | 5 | 2 |
| 14+ 5 | 3 | 6 | 2− 2 | 4 | 1 1 |

## 165

| 54× 3 | 1 | 1− 4 | 5 | 3÷ 2 | 6 |
|---|---|---|---|---|---|
| 4 4 | 3 | 6 | 5− 1 | 3− 5 | 2 |
| 5− 1 | 1− 2 | 3 | 6 | 12× 4 | 4− 5 |
| 6 | 11+ 5 | 11+ 2 | 4 | 3 | 1 |
| 10× 2 | 6 | 5 | 5+ 3 | 5− 1 | 7+ 4 |
| 5 | 3− 4 | 1 | 2 | 6 | 3 |

## 166

| 11+ 6 | 3+ 2 | 1 | 3 3 | 1− 5 | 2÷ 4 |
|---|---|---|---|---|---|
| 3 | 18× 1 | 20× 5 | 4 | 6 | 2 |
| 2 | 6 | 3 | 1− 5 | 4 | 1 1 |
| 12× 4 | 3 | 16× 2 | 5− 6 | 1 | 14+ 5 |
| 4− 1 | 1− 5 | 4 | 2 | 5+ 3 | 6 |
| 5 | 4 | 5− 6 | 1 | 2 | 3 |

## 167

| 1− 5 | 3÷ 1 | 3 | 2÷ 2 | 4 | 10+ 6 |
|---|---|---|---|---|---|
| 6 | 15× 3 | 5 | 3+ 1 | 2 | 4 |
| 1− 1 | 2 | 14+ 4 | 3 | 2÷ 6 | 4− 5 |
| 2− 4 | 11+ 6 | 2 | 5 | 3 | 1 |
| 2 | 5 | 5− 6 | 10+ 4 | 3÷ 1 | 3 |
| 12× 3 | 4 | 1 | 6 | 3− 5 | 2 |

## 168

| 2− 6 | 4 | 3÷ 2 | 15× 1 | 3 | 5 |
|---|---|---|---|---|---|
| 1− 2 | 3 | 6 | 10+ 4 | 5 | 1 |
| 5− 1 | 6 | 11+ 4 | 14+ 5 | 1− 2 | 3 |
| 10+ 4 | 2 | 5 | 3 | 5− 1 | 6 |
| 5 | 1 | 6+ 3 | 6 | 96× 4 | 2 2 |
| 15× 3 | 5 | 1 | 2 | 6 | 4 |

## 169

| 4−  1 | 6×  3 | 2     | 11+ 6 | 5     | 2÷  4 |
|---|---|---|---|---|---|
| 5 | 5−  1 | 16×  4 | 3 | 2÷  6 | 2 |
| 9+  3 | 6 | 1 | 4 | 3+  2 | 11+  5 |
| 2 | 4 | 180×  3 | 8+  5 | 1 | 6 |
| 2−  6 | 2 | 5 | 1 | 1−  4 | 3 |
| 4 | 5  5 | 6 | 2 | 3÷  3 | 1 |

## 170

| 9+  1 | 40×  4 | 5 | 2 | 54×  3 | 6 |
|---|---|---|---|---|---|
| 6 | 3+  2 | 5+  1 | 1−  5 | 4 | 3 |
| 2 | 1 | 4 | 10+  3 | 11+  6 | 5  5 |
| 15+  4 | 3 | 3÷  6 | 1 | 5 | 2÷  2 |
| 3 | 5 | 2 | 6 | 4+  1 | 4 |
| 11+  5 | 6 | 12×  3 | 4 | 2 | 1 |

## 171

| 1−  4 | 5 | 24×  6 | 2−  3 | 11+  2 | 2÷  1 |
|---|---|---|---|---|---|
| 5−  6 | 1 | 4 | 5 | 3 | 2 |
| 3−  2 | 4  4 | 3÷  3 | 1 | 6 | 11+  5 |
| 5 | 2÷  3 | 48×  1 | 2−  2 | 4 | 6 |
| 3÷  1 | 6 | 2 | 4 | 15×  5 | 3 |
| 3 | 3−  2 | 5 | 6 | 5+  1 | 4 |

## 172

| 5+  4 | 1 | 30×  5 | 3 | 2 | 3−  6 |
|---|---|---|---|---|---|
| 2÷  2 | 4 | 5−  1 | 3−  5 | 2÷  6 | 3 |
| 4−  1 | 5 | 6 | 2 | 3 | 40×  4 |
| 54×  3 | 6 | 11+  4 | 5−  1 | 5 | 2 |
| 1−  5 | 3 | 2 | 6 | 16×  4 | 6+  1 |
| 6 | 2 | 3 | 4 | 1 | 5 |

## 173

| 1−  5 | 4    | 2÷  6 | 3     | 2÷  2 | 1     |
|-------|------|-------|-------|-------|-------|
| 6×  3 | 10×  1 | 8+  5 | 24×  4 | 6    | 2    2 |
| 2     | 5    | 3     | 1    1 | 60×  4 | 2−  6 |
| 5−  6 | 2    | 3−  1 | 5     | 3     | 4     |
| 1     | 6   6 | 4     | 10×  2 | 5     | 15×  3 |
| 24×  4 | 3    | 2     | 5−  6 | 1     | 5     |

## 174

| 4     4 | 11+  6 | 5     | 20×  1 | 1−  3 | 3+  2 |
|---------|--------|-------|--------|-------|-------|
| 12×  6  | 3−  2  | 2÷  3 | 5      | 4     | 1     |
| 2       | 5      | 6     | 4      | 3÷  1 | 3     |
| 1       | 1−  3  | 3+  2 | 1−  6  | 5     | 120×  4 |
| 15×  3  | 4      | 1     | 3÷  2  | 6     | 5     |
| 5       | 1      | 4  4  | 6×  3  | 2     | 6     |

## 175

| 15+  5 | 3+  1 | 2     | 13+  6 | 4     | 3     |
|--------|-------|-------|--------|-------|-------|
| 6      | 4     | 6+  1 | 5      | 12+  3 | 3+  2 |
| 8+  2  | 6     | 8+  3 | 4      | 5     | 1     |
| 7+  4  | 3     | 5     | 9+  2  | 12+  1 | 6     |
| 9+  1  | 2  2  | 4     | 3      | 12+  6 | 5     |
| 3      | 5     | 7+  6 | 1      | 2     | 4     |

## 176

| 5+  3  | 2     | 5+  4 | 1     | 11+  5 | 6     |
|--------|-------|-------|-------|--------|-------|
| 7+  6  | 11+ 5 | 6+  1 | 2     | 3      | 8+  4 |
| 1      | 4     | 2     | 15+ 5 | 8+  6  | 3     |
| 8+  5  | 3     | 6     | 4     | 2      | 1     |
| 10+ 4  | 6     | 14+ 5 | 3     | 1  1   | 11+ 2 |
| 6+  2  | 1     | 3     | 6     | 4      | 5     |

## 177

| 4+ 3 | 1− 4 | 7+ 2 | 1 | 3− 5 | 6 |
|---|---|---|---|---|---|
| 1 | 5 | 3− 6 | 4 | 2 | 1− 3 |
| 9+ 5 | 9+ 6 | 3 | 7+ 2 | 5− 1 | 4 |
| 4 | 3 | 5+ 1 | 5 | 6 | 3− 2 |
| 3+ 2 | 1 | 4 | 3− 6 | 3 | 5 |
| 4− 6 | 2 | 8+ 5 | 3 | 3− 4 | 1 |

## 178

| 1− 4 | 6+ 3 | 1 | 2 | 10+ 6 | 8+ 5 |
|---|---|---|---|---|---|
| 3 | 10+ 2 | 5 | 15+ 6 | 4 | 1 |
| 1− 6 | 5 | 3 | 4 | 9+ 1 | 2 |
| 3+ 1 | 6+ 4 | 2 | 5 | 3 | 13+ 6 |
| 2 | 1 | 3− 6 | 3 | 5 | 4 |
| 5 5 | 2− 6 | 4 | 3+ 1 | 2 | 3 |

## 179

| 3− 5 | 5− 1 | 6 | 2 2 | 1− 3 | 4 |
|---|---|---|---|---|---|
| 2 | 2− 6 | 4 | 30× 5 | 3÷ 1 | 3 |
| 48× 6 | 2 | 3 3 | 1 | 15+ 4 | 3− 5 |
| 4 | 3÷ 3 | 1 | 6 | 5 | 2 |
| 12× 3 | 40× 5 | 2 | 4 | 6 | 12× 1 |
| 1 | 4 | 2− 5 | 3 | 2 | 6 |

## 180

| 1− 2 | 24× 4 | 6 | 3÷ 3 | 4− 5 | 1 |
|---|---|---|---|---|---|
| 3 | 11+ 5 | 4 | 1 | 3÷ 2 | 6 |
| 4 4 | 2 | 12+ 1 | 1− 5 | 6 | 2− 3 |
| 5− 1 | 6 | 2 | 1− 4 | 3 | 5 |
| 4− 5 | 1 | 3 | 6 | 2− 4 | 2 |
| 3− 6 | 3 | 10× 5 | 2 | 1 | 4 4 |

## 181

| 6× | | 15+ | 12× | 6+ | 2 |
|---|---|---|---|---|---|
| **6** | **1** | **5** | **4** | **3** | **2** |
| 2− | | | | | 10+ |
| **3** | **5** | **6** | **1** | **2** | **4** |
| 2÷ | 2÷ | | | | |
| **2** | **6** | **4** | **3** | **1** | **5** |
| | | 1− | 1− | | |
| **4** | **3** | **2** | **5** | **6** | **1** |
| 3− | | | 13+ | 4 | 2÷ |
| **5** | **2** | **1** | **6** | **4** | **3** |
| 1 | 1− | | | | |
| **1** | **4** | **3** | **2** | **5** | **6** |

## 182

| 4− | 12× | 15+ | 2− | 3− | |
|---|---|---|---|---|---|
| **1** | **4** | **6** | **3** | **5** | **2** |
| | | | | 9+ | |
| **5** | **3** | **4** | **1** | **2** | **6** |
| 10+ | | | 96× | | |
| **3** | **2** | **5** | **4** | **6** | **1** |
| 3÷ | | 2÷ | | | |
| **2** | **5** | **3** | **6** | **1** | **4** |
| | 40× | | | | 15× |
| **6** | **1** | **2** | **5** | **4** | **3** |
| 2− | | 1 | 5+ | | |
| **4** | **6** | **1** | **2** | **3** | **5** |

## 183

| 1− | | 3÷ | | 8× | |
|---|---|---|---|---|---|
| **6** | **5** | **3** | **1** | **2** | **4** |
| 5+ | 3÷ | | 2− | | |
| **4** | **6** | **2** | **5** | **3** | **1** |
| | 13+ | | | 1− | 6× |
| **1** | **3** | **6** | **4** | **5** | **2** |
| 10+ | | | 30× | | |
| **5** | **1** | **4** | **2** | **6** | **3** |
| 5+ | 2− | | | 3− | 11+ |
| **2** | **4** | **5** | **3** | **1** | **6** |
| | | 5− | | | |
| **3** | **2** | **1** | **6** | **4** | **5** |

## 184

| 12× | 2− | | 5− | 4− | |
|---|---|---|---|---|---|
| **4** | **3** | **5** | **1** | **2** | **6** |
| | 5+ | | | 1− | 2÷ |
| **3** | **1** | **4** | **6** | **5** | **2** |
| 1− | | 2 | 60× | | |
| **6** | **5** | **2** | **3** | **4** | **1** |
| 3− | 2÷ | | | 18× | |
| **5** | **2** | **1** | **4** | **6** | **3** |
| | | 2÷ | | | 60× |
| **2** | **6** | **3** | **5** | **1** | **4** |
| 3− | | 3÷ | | | |
| **1** | **4** | **6** | **2** | **3** | **5** |

## 185

| 3− 3 | 1− 4 | 5 | 12× 6 | 2 | 1 |
|---|---|---|---|---|---|
| 6 | 6+ 3 | 14+ 1 | 4 | 4− 5 | 3− 2 |
| 1− 4 | 2 | 6 | 3 | 1 | 5 |
| 5 | 1 | 9+ 4 | 2 | 2÷ 6 | 3 |
| 2÷ 2 | 13+ 5 | 3 | 15× 1 | 96× 4 | 6 |
| 1 | 6 | 2 | 5 | 3 | 4 |

## 186

| 18+ 5 | 4 | 12× 1 | 6 | 2÷ 3 | 11+ 2 |
|---|---|---|---|---|---|
| 6 | 3 | 2 | 5+ 4 | 1 | 5 |
| 2− 2 | 5− 1 | 6 | 30× 3 | 5 | 4 |
| 4 | 6 | 300× 5 | 1 1 | 2 | 10+ 3 |
| 6× 3 | 5 | 4 | 10× 2 | 6 | 1 |
| 1 | 2 | 3 | 5 | 2− 4 | 6 |

## 187

| 1− 4 | 5 | 6× 1 | 6 | 3÷ 3 | 11+ 2 |
|---|---|---|---|---|---|
| 2÷ 6 | 3 | 2÷ 2 | 4 | 1 | 5 |
| 9+ 2 | 1 | 6 | 8+ 3 | 5 | 4 |
| 11+ 5 | 6 | 1− 4 | 2÷ 1 | 1− 2 | 3 |
| 3÷ 3 | 24× 4 | 5 | 2 | 5− 6 | 1 |
| 1 | 2 | 3 | 120× 5 | 4 | 6 |

## 188

| 3− 3 | 6 | 3+ 2 | 1 | 20× 4 | 5 |
|---|---|---|---|---|---|
| 3− 4 | 14+ 5 | 3− 6 | 3 | 2÷ 2 | 1 |
| 1 | 2 | 3 | 4 | 15+ 5 | 6 |
| 6 6 | 9+ 3 | 10+ 5 | 3+ 2 | 1 | 4 |
| 5 | 1 | 4 | 14+ 6 | 3 | 36× 2 |
| 2÷ 2 | 4 | 1 | 5 | 6 | 3 |

## 189

| 12+ 5 | 3+ 2 | 1 | 13+ 6 | 4 | 3 |
|---|---|---|---|---|---|
| 1 | 15+ 5 | 6 | 4 | 5+ 3 | 2 |
| 6 | 10+ 1 | 4 | 5+ 3 | 8+ 2 | 5 |
| 6+ 4 | 7+ 3 | 5 | 2 | 1 | 11+ 6 |
| 2 | 4 | 14+ 3 | 5 | 6 | 1 |
| 11+ 3 | 6 | 2 | 6+ 1 | 5 | 4 |

## 190

| 4− 1 | 5 | 13+ 4 | 3 | 6 | 6+ 2 |
|---|---|---|---|---|---|
| 3− 5 | 10+ 6 | 6+ 1 | 2 | 3 | 4 |
| 2 | 1 | 3 | 10+ 4 | 1− 5 | 6 |
| 1− 3 | 2 | 1− 5 | 6 | 3− 4 | 1 |
| 7+ 4 | 3 | 6 | 6+ 1 | 3− 2 | 5 |
| 2− 6 | 4 | 2 2 | 5 | 4+ 1 | 3 |

## 191

| 40× 2 | 5 | 4 | 2÷ 3 | 6 | 11+ 1 |
|---|---|---|---|---|---|
| 14+ 3 | 7+ 2 | 6 6 | 1 | 5 | 4 |
| 5 | 3 | 2 | 20× 4 | 6+ 1 | 60× 6 |
| 6 | 3− 4 | 1 | 5 | 3 | 2 |
| 3− 4 | 1 | 2− 3 | 3÷ 6 | 2 | 5 |
| 6× 1 | 6 | 5 | 2 | 1− 4 | 3 |

## 192

| 24× 1 | 6 | 3− 5 | 2 | 7+ 3 | 4 |
|---|---|---|---|---|---|
| 4 | 2÷ 1 | 3÷ 3 | 2− 5 | 2− 2 | 30× 6 |
| 3÷ 6 | 2 | 1 | 3 | 4 | 5 |
| 2 | 15× 3 | 10+ 4 | 1− 6 | 5 | 1 |
| 60× 3 | 5 | 6 | 3− 4 | 1 | 2 2 |
| 5 | 4 | 1− 2 | 1 | 3− 6 | 3 |

## 193

| 3÷ 2 | 3− 6 | 11+ 4 | 4− 5 | 12× 3 | 1 |
|---|---|---|---|---|---|
| 6 | 3 | 5 | 1 | 4 | 1− 2 |
| 1− 4 | 6+ 1 | 2 | 1− 6 | 5 | 3 |
| 3 | 5 | 3÷ 6 | 2 | 3− 1 | 4 |
| 4− 5 | 5+ 4 | 1 | 1− 3 | 3÷ 2 | 11+ 6 |
| 1 | 6× 2 | 3 | 4 | 6 | 5 |

## 194

| 3÷ 6 | 2 | 4 4 | 5+ 1 | 150× 3 | 5 |
|---|---|---|---|---|---|
| 8+ 3 | 3÷ 1 | 5− 6 | 4 | 5 | 2 |
| 5 | 3 | 1 | 11+ 2 | 24× 6 | 4 |
| 2÷ 2 | 2− 6 | 10+ 3 | 5 | 4 | 1 |
| 1 | 4 | 5 | 1− 3 | 2 | 6 6 |
| 1− 4 | 5 | 2 | 18× 6 | 1 | 3 |

## 195

| 3÷ 2 | 6 | 16+ 5 | 72× 1 | 3 | 4 |
|---|---|---|---|---|---|
| 1− 4 | 5 | 1 | 6 | 1− 2 | 1− 3 |
| 1− 5 | 4 | 6 | 7+ 3 | 1 | 2 |
| 6 | 1− 2 | 1− 3 | 4 | 6+ 5 | 1 |
| 3÷ 1 | 3 | 4 | 4− 2 | 6 | 600× 5 |
| 3 | 2÷ 1 | 2 | 5 | 4 | 6 |

## 196

| 120× 6 | 5− 1 | 9+ 3 | 40× 2 | 4 | 5 |
|---|---|---|---|---|---|
| 4 | 6 | 5 | 1 | 9+ 2 | 3 |
| 5 | 1− 2 | 1 | 2÷ 3 | 6 | 4 |
| 7+ 1 | 4 | 2 | 90× 5 | 3 | 4− 6 |
| 6× 3 | 1− 5 | 4 | 6 | 1 | 2 |
| 2 | 3 3 | 24× 6 | 4 | 4− 5 | 1 |

## 197

| 1296× **1** | **6** | **3** | 3÷ **2** | 2÷ **4** | 1− **5** |
|---|---|---|---|---|---|
| **3** | 4− **1** | **5** | **6** | **2** | **4** |
| **6** | **4** | 15+ **2** | **3** | 6+ **5** | **1** |
| 2− **5** | **3** | **6** | 60× **4** | 1− **1** | **2** |
| 80× **2** | **5** | **4** | **1** | 108× **6** | **3** |
| **4** | **2** | 1 **1** | **5** | **3** | **6** |

## 198

| 1− **4** | 2− **3** | **5** | 2÷ **1** | **2** | 5− **6** |
|---|---|---|---|---|---|
| **3** | 20× **2** | 15+ **6** | **5** | **4** | **1** |
| **5** | **1** | **2** | 24× **6** | 1− **3** | **4** |
| 2÷ **2** | 1− **6** | 1− **3** | **4** | **1** | 5 **5** |
| **1** | **5** | **4** | 3 **3** | 1− **6** | 1− **2** |
| 2− **6** | **4** | 1− **1** | **2** | **5** | **3** |

## 199

| 24× **4** | **6** | 30× **1** | 2− **2** | 3− **5** | 3÷ **3** |
|---|---|---|---|---|---|
| 12+ **6** | **3** | **5** | **4** | **2** | **1** |
| **3** | 40× **2** | **6** | 15+ **5** | 3− **1** | **4** |
| **5** | **4** | 3 **3** | **1** | **6** | 240× **2** |
| 2÷ **2** | 4− **1** | 2÷ **4** | 2÷ **6** | **3** | **5** |
| **1** | **5** | **2** | **3** | **4** | **6** |

## 200

| 120× **5** | **4** | **6** | 14+ **3** | **2** | 4− **1** |
|---|---|---|---|---|---|
| 5+ **1** | **2** | **3** | **4** | 5− **6** | **5** |
| **4** | 3÷ **3** | 10× **5** | **2** | **1** | 2÷ **6** |
| 36× **2** | **1** | 20+ **4** | **6** | 5 **5** | **3** |
| **6** | 11+ **5** | 2÷ **2** | **1** | 9+ **3** | **4** |
| **3** | **6** | **1** | **5** | **4** | **2** |

Made in the USA
Middletown, DE
18 January 2021